電気の歴史
A History of Electrical Engineering
人と技術のものがたり

高橋雄造 著

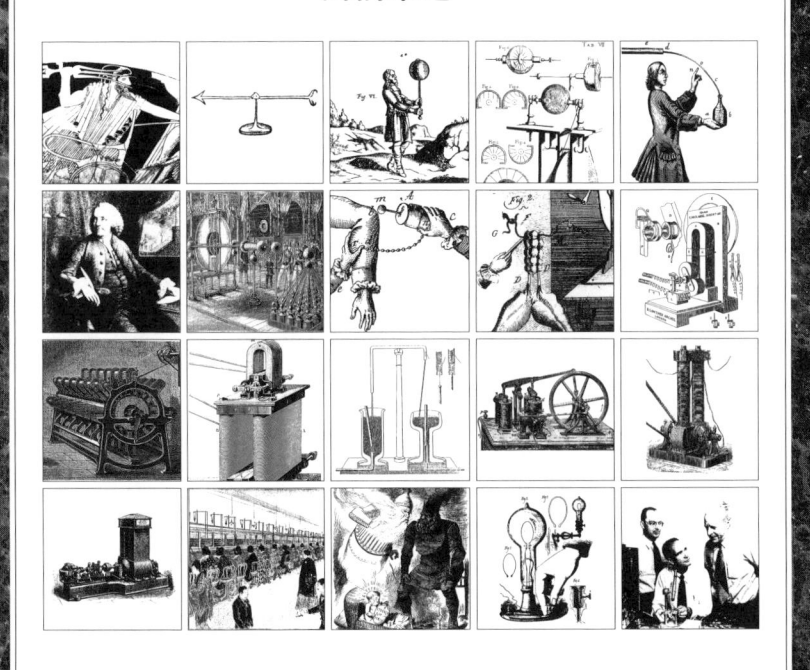

東京電機大学出版局

はじめに

　本書は，電気技術者に電気技術の歴史を知ってもらい，電気技術とは何かを考えてもらうために執筆したものである。それによって電気技術者が人々のためによりよく役立つようになると考える。また，電気技術以外の科学技術関係者や，文科系の方，一般の方にも本書を読んでもらいたい。一般の方が電気技術とその歴史について知ることは，電気技術を利用するに際して役立つと信じるからである。

　電気の歴史を述べるには，技術の中身に触れる必要がある。本書では，技術を努めてわかりやすく解説したつもりであるが，どうしても内容が込み入ってしまう場合がある。もしわずらわしく感じたら，飛ばして先を読んでいただいても，電気技術の歴史の全体像を知るのには差し支えない。

　本書は，電気技術の発明・発見史を軸にして述べていく。しかし，発明や発見の歴史だけでは電気技術の歩みの全体像は明らかにならない。そこで，学会，ジャーナル，学校，国際条約，会社といった制度（英語では institution という）の歴史も併せて述べる。

　本書は，まず年表があって，次にこれを本文で解説するという構成になっている。年表では，何々が最初に出現したということが強調され，その後の技術の展開を説明するのは容易ではない。このような展開は本文で述べる。本文を読み進むときには，年表も参照してほしい。

　本文では，古代から始まって19世紀末まで（電力技術の本格化の頃まで）の歴史をほぼまんべんなく述べてある。発電機・電動機の発達史については，欧米の先行研究にもまとまったものが少ないので，やや詳しく述べた。電信についても重点を置いた。20世紀の電気技術に関しては，トピックを絞った。

人々の生活に近い存在であるラジオにはスペースを割いて，電気技術とは何か，その特質は，といったことを，これらの部分で相当に明らかにしたつもりである。

　読者の中には，関心のあるトピックが本文にないと感じる人もいるであろう。20世紀の電気技術の展開をまんべんなく述べるには，本書のスペースでは足りず，10倍以上の紙幅が必要である。本書から，分析の視点といったものを読み取っていただければ，関心のあるトピックの歴史を読者自らが考える助けとなるであろう。スペースの関係で，日本の電気技術の歴史はほとんど割愛したが，電子工業における日米比較の重要な点のいくつかは論じておいた。

　技術者にとっての技術史への興味は，究極のところ，歴史上の技術者の生き方，つまり"人"である。本文ではこれにも重点を置いて述べた。

　本書は，歴史研究者を主な読者として想定した本ではないが，歴史学の批判にも耐えると信じる。発明・発見史である以上，今日の技術につながった技術を，過去の歴史の中に求める（いわゆるレトロスペクティブ史観で見る）ことになるが，努めてそれぞれの当時における（コンテンポラリな）意味を考察するようにした。もとよりすべての事項について一次史料をあたることはできなかったが，原典および同時代史料に拠るように努力した。電気技術史研究への足がかりとしても，本書が役立つのならば，幸いである。

2006年11月

高橋　雄造

新版にあたって

　小著『百万人の電気技術史』（工業調査会，2006年）が『電気の歴史　－人と技術のものがたり－』として東京電機大学出版局から刊行されることになった。多くの方々に本書を読んでいただければ幸いである。この機会に，多少の修正を行った。

　東日本を襲った大震災から2ヶ月以上が経過した。電力，通信，制御のどれについても，電気技術の重要性・有用性があらためて明らかになった。"電気はいま出番"であるはずである。しかし，電気技術者や電機工業の主体的な反応は弱いように見える。電気技術の使命も歴史的なものであって，いずれは終末を迎えるのであろうか？　筆者は，電気の好きな若い人々が今後も多数現れて，市民に役立つ電気技術の新しい地平を拓くことを期待している。"電気技術を愛する"技術者については，あらためて論じる機会があろう。

2011年5月

高橋　雄造

目　次

はじめに ………………………………………………………………… 1

電気技術史年表 ………………………………………………………… 7

第1章　古代からの電気と磁気
　　1. 人類が電気を知る ……………………………………………… 19
　　2. 天然磁石から羅針盤へ ………………………………………… 22

第2章　近代電気学のはじめ——静電気の時代
　　1. ギルバート——近代電気学の創始者 ………………………… 27
　　2. ゲーリケから摩擦起電機へ …………………………………… 29
　　3. ホークスビーとグレー——電気力線を示す糸，絶縁体と導体 … 31
　　4. 静電気を溜めるライデンびん ………………………………… 32
　　5. デュフェとフランクリン——電気流体説 …………………… 33
　　6. バロックとロココ——実験遊戯の時代 ……………………… 37
　　7. クーロンの法則——19世紀への橋渡し ……………………… 39

第3章　電池の発明から動電気の時代へ
　　1. ガルバーニからボルタへ——電池の発明 …………………… 45
　　2. 電流の磁気作用——エールステズの発見 …………………… 48
　　3. 電磁石の発明 …………………………………………………… 50
　　4. 電磁誘導の法則 ………………………………………………… 52
　　5. マイケル・ファラデー ………………………………………… 54
　　6. ジョゼフ・ヘンリー …………………………………………… 57

| | 7. 電気回路とオームの法則 ·· *58* |

第4章　発電機と電動機
	1. ピキシの発電機 ··· *65*
	2. 自励発電機の発明と発電機の実用化 ······························· *69*
	3. 電動機の登場 ·· *73*
	4. ジュールと電気エネルギー ·· *77*
	5. 発電機と電動機の可逆性 ··· *78*
	6. 発電機・電動機の進歩 ·· *79*
	7. 代表的な実用発電機 ··· *84*

第5章　電信と電話──電気の最初の大規模応用
	1. 腕木伝信 ··· *90*
	2. 電信の発明 ·· *92*
	3. 電信網の発達 ·· *97*
	4. 海底電信線の拡大 ·· *101*
	5. 電話の登場 ·· *106*
	6. ファックスの発明と実用化 ·· *110*
	7. 携帯電話の登場 ··· *111*

第6章　電灯と電力技術の時代
	1. 白熱電球の発明と配電事業の開始 ······························· *115*
	2. エジソン ··· *118*
	3. 交流技術の登場と長距離送電 ····································· *124*
	4. 変圧器の発明 ·· *126*
	5. ウェスティングハウス，テスラ，ナイヤガラ水力電気 ········ *130*
	6. 三相交流の発達 ··· *133*
	7. 現代の直流送電 ··· *135*
	8. 電車と電気鉄道 ··· *136*

第7章　電気技術の世界の形成と拡大

1. ウィリアム・スタージャンと『電気・磁気年報』および
ロンドン電気協会 ………………………………………… *141*
2. 学会と雑誌 …………………………………………………… *145*
3. 電信学校 ……………………………………………………… *148*
4. 電気技術の学校の成立と拡大 …………………………… *149*
5. 電気の計測と標準・単位，物理および電気の国立研究所 …… *153*
6. 世界の電機メーカーの起源 ……………………………… *157*

第8章　20世紀の社会と市民生活における電気
── 蓄音機からラジオ，テレビまで

1. 20世紀の電気技術 ………………………………………… *165*
2. 生活と娯楽と電気技術──蓄音機（レコード），映画の発明 … *167*
3. 電波の発見から無線電信へ ……………………………… *169*
4. 無線電話と真空管の発明 ………………………………… *175*
5. 放送の開始，ラジオ・ブーム，大恐慌 ………………… *178*
6. ラジオからテレビへ ……………………………………… *183*
7. ラジオ・エレクトロニクスの発達と米国の変貌 ……… *187*
8. アマチュアとエレクトロニクス技術者の形成 ………… *189*

第9章　半導体とコンピュータ

1. 戦争とエレクトロニクスの進歩 ………………………… *197*
2. トランジスタの登場 ……………………………………… *200*
3. 半導体集積回路（IC）の発達 …………………………… *204*
4. コンピュータの発明 ……………………………………… *207*
5. 商用コンピュータから第三世代コンピュータまで …… *211*
6. マイコン，パソコンからインターネットへ …………… *212*
7. コンピュータ関連企業の盛衰 …………………………… *215*
8. コンピュータの変化 ……………………………………… *216*

むすび——電気技術の将来 …………………………………… 221

付録——電気の歴史の本 ……………………………………… 222

参考文献 ………………………………………………………… 225

図版出典 ………………………………………………………… 237

あとがき ………………………………………………………… 241

索　引 …………………………………………………………… 243

――――― コラム ―――――

雷の今昔　*24*／電気の博物館　*41*／クイズ——電気史上のなぞ　*63*／電気の偉人(ヒーロー)のいちばんは誰か　*87*／エジソン関係のアーカイブと博物館　*113*／1881年のパリ国際電気博覧会　*139*／女性の電気技術者　*163*／エドウィン・ハワード・アームストロング　*192*／日本人が世界最初にした電気の発明　*218*

電気技術史年表

　電気技術史の時代区分は，だいたいのところは区切りのよい年で分けることができる。近代電気学はギルバートの1600年から始まり，以後，18世紀までは静電気の時代であった。静電気の時代と動電気の時代を区切るボルタの電堆の発明は，1800年にロンドンのロイヤル・ソサエティで発表された。エレクトロニクス時代のもとになった大西洋横断無線電信の成功と電子の発見は，ほぼ1900年である。半導体・コンピュータ時代を拓く電子計算機の発明とトランジスタの発明は，20世紀の中間点，すなわち第二次世界大戦のあとの1940年代後半にされている。

　19世紀は，動電気の時代で，かつ電子の概念成立以前の時代である。物理学と相対的に別個の電気技術・電気工学が形成されたのも，19世紀である。19世紀を通じてとくに重要な事項として，1831年のファラデーの電磁誘導の法則発見，60年代後半の発電機自励法の発見，ほぼ同じ頃のマクスウェルの電磁界理論，87年のヘルツの電磁波発見が挙げられる。30年代後半に電信が実用化され，電気の最初の大規模応用として電信網がつくられた。これにともない，おおよそ70年頃までに電信工学が成立した。さらに，白熱電灯照明のための送配電事業の発達により，電信工学を母体として，80年代に電気工学が形成された。81年にパリで開催された第1回国際電気博覧会を，電気工学成立の里程標と見ることができる。

　年表では，とくに重要な事項は網掛けしてあり，発明・発見と制度史事項を区別して表示している。発明・発見などの年は特定が難しい場合がある。着想，試作，発表，製品化，発売などで年の違うことが多い。本書の年表でも，年の決定に筆者の判断が入った場合がある。読者は，個々の事項だけでなく，電気技術の変貌の流れを読み取っていただきたい。1990年以後の発明・発見と制度の大きな変化にはどんなものがあっただろうか？読者自ら考えてみてほしい。

		発明・発見史	制 度 史	頁
		人類が雷を認識。ギリシャ神話の主神ゼウスの武器は雷		19
		磁鉄鉱の発見		
	B. C. 600	ミレトス（ギリシャの植民地）のタレスがこはくの摩擦帯電などを観察		20
		セントエルモ光，シビレエイなどの知識		20〜21
		中国で磁石を占いに使用（新の王莽）。磁針も中国で使った		22
		磁針がヨーロッパに伝わる（12世紀までに）		22
	1269	ペレグリヌス（仏）の『磁石についての手紙』，磁石についての最初の組織的実験，目盛盤付羅針盤		23
		磁針の偏角，伏角の発見		22〜23
	1600	ギルバート（英）の『磁石について』，地球が巨大な磁石であると述べる。近代電気学のはじめ		27〜29
	1633頃	ゲーリケ（独）の摩擦硫黄球。摩擦起電機のはじめ？		29〜30
	1729	グレー（英）が導体と不導体を区別		32
	1733	デュフェ（仏）の電気二流体説		33〜34, 36
	1745	ライデンびん発明（オランダ）		32〜33
	1751-52	フランクリン（米）が避雷針を発明し，雷が電気であることを証明。彼は電気一流体説を唱えた		34〜36
	1753	C. M.（英）が静電気式電信を提案		92
	1767	プリーストリ（英）が『電気学の歴史と現状』を著す		222
	1785	クーロン（仏）の法則。キャベンディッシュ（英）が1772年に先行して発見していた		39〜40
	1786	ガルバーニ（伊）が電気によるカエルの足のけいれんを観察。ガルバニズムのはじめ，動電気のはじめとしてボルタの電堆の前史となる		45〜47
	1791	シャップ兄弟（仏）の腕木式伝信		90〜93
	1800	ボルタ（伊）の電堆発表。静電気の時代が終わり，動電気の時代が始まる		45〜47

	発明・発見史	制 度 史	頁
1807頃	デービー（英）が電気分解でナトリウムとカリウムを分離，炭素アークをつける		46～47
1809-16	ゼンメリンク（独），ロナルズ（英）の電気化学式・静電気式電信機		92～93
1820	エールステス（デンマーク）が電流の磁気作用を発表。電磁現象研究の時代が始まる		48～49
1820	ビオ・サバール（仏）の法則，アンペール（仏）の法則		49
1820	シュヴァイガー（独）の増倍器（Multiplikator）。指針型電流計・電圧計の原型で，コイルの発明と見ることもできる		49～50
1822	ゼーベック（独）効果の発見		60
1822-23	バベッジ（英）が差分機械を考案。機械式計算機のはじめ		207
1825	スタージャン（英）が最初の電磁石を提示		50～51
1827	オーム（独）の法則		58～62
1830	ヘンリー（米）が自己誘導を発見		53～54, 57～58
1831	ファラデー（英）が電磁誘導の法則を発見。発電機・電動機・変圧器の基礎として電磁現象工学への応用を拓く		52～57
1832	ピキシ（仏）の手回し磁石発電機。世界最初の発電機		65～66
1832	シリンク（独）の電磁式電信機		93
1833	ファラデー（英）の電気分解の法則		55
1834頃	回転式電動機出現		73～75
1836		スタージャン（英）の『電気磁気年報』発刊。世界最初の電気雑誌	141～142
1837		スタージャン（英）がロンドン電気協会を設立。電気専門団体の最初	141～145
1837	クックとホイートストン（英），モールス（米）がそれぞれ電信を発明。モールスは電信用符号を考案。電信の時代が始まる。以後電信は鉄道とともに発達し，1870年代までは電気の応用の主流であった		94～95
1840	ジュール（英）が電流の熱作用を研究		77～78

	発明・発見史	制　度　史	頁
1843	ベイン（英）の印画電信。ファックスのはじめ		110
1844頃から	磁石発電機が電気分解・メッキ用に利用される		67～69
1847		シーメンス・ハルスケ社（独）設立（今日のシーメンス社のはじめ）	158
1847頃	キルヒホッフ（独）の法則		61～62
1850	英仏海峡横断海底電信ケーブル敷設		103
1854	ブール（英）が『論理と確立の数学理論の基礎である思考法則の研究』を刊行。ブール代数の研究		208
1854-56	クリミア戦争で電信が効果を発揮		99～100
1855-66	大西洋横断海底電信ケーブルを敷設。米国がヨーロッパと電信で結ばれる。電信信号の到着曲線研究，サイフォンレコーダ等の計測器，単位標準化などがこの敷設事業のために著しく進んだ		104, 153～155
1859	プランテ（仏）が実用的鉛蓄電池を発明		47～48
1861-73	マクスウェル（英）の電磁場の理論		155
1861-73	ライス（独）が電話機を発明		106
1861		『エレクトリシャン』誌発刊（英）。世界最初の商業電気ジャーナル	146
1865		万国電信条約締結	101
1866-67	ワイルド（英），ホイートストン（英），ヴァーリ（英），ヴェルナー・シーメンス（独），ファーマ（米）らが発電機の自励法を発明。電力供給源となる巨大な発電機を可能にし，電力技術の時代を拓く		69～71
1869	グラム（ベルギー）の環状電機子による実用的直流発電機（環状電機子は1859年にパシノッチ［伊］が発明）		71～73
1871		イギリス電信学会設立。のちのイギリス電気学会IEEで，世界最初の電気関係学会。翌年から機関誌を発行。世界最初の電気学会機関誌で，のちの『IEE Proceedings』	145～147
1873		工部大学校に電信科設置。高等教育レベルにおける世界最初の電気関係学科，教授はイギリス人エアトン	148～149
1876	ベル（米）が電話を発明		106～108
1878	エジソン（米）のすず箔円筒蓄音機の特許		167～168

年	発明・発見史	制度史	頁
1878		フランス電信庁が高等電信学校を設置	148, 151
1878-79	スワン（英），エジソン（米）が実用的な炭素フィラメント電球をつくる		115〜117
1879	ブラッシュ（米）がアーク灯による中央発電所方式の電灯照明事業を始める		116
1879		ベルリン電気学会 ETV 設立，ドイツ電気学会 VDE のルーツ	145〜146
1881	シーメンス社がベルリン郊外で電車を運行		136
1881		パリ国際電気博覧会。エジソンの白熱電灯照明システムが注目を集め，パリ電気会議でV, A, Ω, C, F 等の単位記号が決まる	139〜140, 155
1882		エジソン（米）がニューヨークで中央発電所方式（直流）による電灯照明事業を開始。電灯照明・電力供給の時代が始まる	117, 120〜121
1882		デプレ（仏）がミュンヘン電気博覧会で 2 kV・57 km の送電デモ	125〜126, 140
1882	ゴラール（仏）とギブス（英）の二次発電機（開磁路変圧器）を直列に接続して使う特許		127〜128
1882 頃	電力供給事業における直流・交流論争が始まる		125
1883	エジソン効果発見（米）		177
1883		ドイッチェ・エジソン社設立（独）。1887 年に AEG 社となる	159〜160
1883		国際電気学会設立。今日のフランス電気学会 SEE のルーツ	146
1884	パーソンズ（英）がタービンで交流発電機を駆動		
1884	ニプコー（独）がテレビ走査用の円板の特許出願		183
1884		米国電気学会 AIEE 設立	146
1884 頃	デリ，ツィペルノフスキ，ブラティ（ハンガリー）が閉磁路変圧器の並列使用を発明		129
1885-89	フェラリス（伊），テスラ（米），ドリヴォ・ドブロヴォルスキ（独）が誘導電動機を発明		131
1886	ホプキンソン（英）が磁気回路について論じる		81
1886	E. トムソン（米）が電気溶接を始める		160〜161

	発明・発見史	制 度 史	頁
1886	ホール（米）とエルー（仏）がそれぞれアルミニウム溶融電解法を発明		
1887	ヘルツ（独）が電磁波の存在を実験		170～171
1887	ベルリナー（米）が円盤蓄音機をつくる		167
1887		ベルリンに物理・工学研究所設立。世界最初の国立科学技術研究所	156
1888		電気学会設立（日）	146
1888から	フェランティ（英）がデットフォード計画で10 kV交流発送電実用を図る		129
1889	ホレリス（米）が統計処理用パンチカード・システムを開発。IBM社のはじめ		161, 207
1889	ストロージャ（米）が自動電話交換用スイッチをつくる		109
1890	電気式地下鉄のはじめ（英）		137～138
1891	フランクフルト博覧会で高電圧三相交流長距離送電をデモ		134
1892		トムソン・ハウストン社とエジソン社が合併してジェネラル・エレクトリック社となる（米）	121～122, 160～161
1893	ケネリ（米），スタインメッツ（米）によって交流理論が確立		129～130
1895	レントゲン（独）がX線を発見		
1896	ナイヤガラ-バッファロー間に交流送電始まる（米）		130～133
1897	J.J.トムソン（英）が陰極線粒子の速度と電荷を測定（電子の発見）		166
1897	ブラウン（独）がブラウン管をつくる		174
1897	ダッデル（英）が電磁オシログラフを発明		49～50
1898	ポウルセン（デンマーク）が鋼線磁気録音機を発明		
1900頃	欧米で幹線鉄道の電化が始まる		137～138
1901	マルコーニ（伊）が大西洋横断無線電信を送る。無線通信の時代が始まる		174
1901	ジョルジ（伊）がMKSΩ単位系を提案（MKSA単位系のもと）		156

電気技術史年表

13

	発明・発見史	制　度　史	頁
1902	ケネリ（米）とヘビサイド（英）が電離層の存在を推定		173
1903		テレフンケン社（独）設立	160, 174
1904	フレミング（英）が熱電子二極管を発明		176〜177
1906	デフォレスト（米）が三極真空管を発明。検波・増幅・発振をする能動素子のはじめ。エレクトロニクスの時代を可能にした		177
1906		ミュンヘンにドイツ博物館が仮開設（世界最大の技術博物館。正式開館は1925年）	41
1906		IEC設立	156〜157
1906	ハドフィールド（英）が発明した珪素鋼板が大量に生産される		82
1909	心電計が現れる（英）		50
1909	ベークライトが発明される（米）		
1910	ジェネラル・エレクトリック社がクーリッジ（米）のタングステンフィラメント電球を発表（米）		122, 124, 161
1911	カメリング・オネス（オランダ）が超電導現象を発見		
1911頃から	イギリスとドイツが競争して勢力圏に無線通信網をつくる		175
1912	アームストロング（米）が三極真空管を使った再生発振回路を発明。エレクトロニクスの時代を拓く		177〜178, 192〜195
1912	タイタニック号の難破（米）。以後，船舶に無線装置の設備が義務づけられる		175, 188
1912		米国ラジオ学会IRE設立。1963年に米国電気学会AIEEと合併して米国電気電子学会IEEEとなる	146
1914	電話回線に熱電子管増幅器が使用される（米）		
1914	デュフール（仏）の陰極線オシログラフ。時間的に変化する波形を観測できる		
1917頃	ランジュバン（仏）が潜水艦探知に圧電効果を使う。ソナーのはじめ		
1918	アームストロング（米）がスーパヘテロダイン受信方式を発明		192
1919	エクルスとジョーダン（英）がフリップ・フロップ回路を発明		209

	発明・発見史	制度史	頁
1919		RCA 社設立	180～181
1920		KDKA 局（米）の放送。ラジオ放送が始まる	178～179
1920 頃	亜酸化銅整流器・セレン整流器・セレン光電池が実用化		201
1921	アマチュア無線家が短波の長距離伝播を発見		172～173
1923	ツウォリキン（米）が撮像管アイコノスコープを発明		184～185
1925		ベル電話研究所がベル社と別会社となる（米）	107
1925	ベアード（英）の機械式走査によるテレビ		183
1925	レコードに電気録音（米）		168
1925	八木・宇田（日）アンテナの発明		218～219
1927	ブラック（米）が帰還増幅器を発明		
1927	全トーキー映画『ジャズ・シンガー』がつくられる（米）		169
1930 頃	水銀整流器が回転変流機に取って代わる		135～136
1930 頃から	ナイキスト，ハートレー（米）らの情報理論		210
1931	ウィルソン（英）の半導体理論		201
1931	V. ブッシュ（米）のアナログ・コンピュータ		208
1931 頃	ノルとルスカ（独）が実用的電子顕微鏡をつくる		
1932	ターマン（米）の『ラジオ工学』刊行。ターマンはのち，シリコン・バレーの父と呼ばれる		189
1933	ICI 社がポリエチレンを開発		
1933	アームストロング（米）が FM を発明		193～194
1935	ベルリンで世界最初のテレビ定期放送		185
1935 頃から	イギリスでレーダ開発		197
1936	カーソンら（米）により導波管が開発される		
1936	宮田（日）のメタリコンによるラジオ配線の特許。プリント配線の前駆		
1937	BBC（英）がテレビ放送を開始		185
1937	カールソン（米）が電子写真を発明		111

電気技術史年表

	発明・発見史	制　度　史	頁
1938	ジェネラル・エレクトリック社とウェスティングハウス社（米）が蛍光灯を発表		
1939	バリアン兄弟がクライストロンをつくる。マイクロ波真空管のはじめ		
1939-45		第二次世界大戦で，レーダ，超短波技術などエレクトロニクスが発展	197～198
1945	フォン・ノイマン（米）がプログラム内蔵式コンピュータを提案		210
1946	ディジタル電子計算機 ENIAC を開発（米）。コンピュータ時代が始まる		209～210
1948	バーディーン，ブラッテン，ショックレー（米）がトランジスタを発明。半導体エレクトロニクスの時代が始まる		201～203
1948	シャノン（米）の情報理論		210
1948	ウィーナ（米）のサイバネティクス		
1948	コロンビア社（米）が LP レコードを発表		198
1951	ウェスタン・エレクトリック社（米）がトランジスタを商業生産		
1953	米国で NTSC カラーテレビ方式採用		
1953	レイセオン社（米）が電子レンジを発表		
1954	タウンズ（米）がメーザを発明		
1954	テキサス・インスツルメンツ社（米）がシリコントランジスタを開発		204
1954	静止変換器による 100 kV 直流送電がはじまる（スウェーデン）		135～136
1955	東京通信工業（現ソニー）がトランジスタ・ラジオを発売。日本がトランジスタ・ラジオを輸出して巨額のドルを稼ぐようになる。世界最初のトランジスタ・ラジオは1954年にリージェンシー（テキサス・インスツルメンツ）社（米）が発売		199～200
1955	実用的なシリコン太陽電池ができる（米）		
1956	アンペックス社（米）がビデオテープレコーダを発表		
1956	コルダーホール（英）に最初の商業原子力発電所が運転開始		
1957		最初の人工衛星スプートニク打ち上げ（ソ連）。米国における軍事エレクトロニクス重視が進む	
1957	ウェストレックス社（米）のステレオレコード完成		

電気技術史年表

		発明・発見史	制 度 史	頁
1958		ジェネラル・エレクトリック社がシリコン制御整流器の商業生産開始		136
1958 頃			米国が SAGE（半自動地上防空警戒管制装置）構築。ソ連機による核攻撃への対策	210
1959			EIA（米国電子工業会）が OCDM（米国民間国防動員局）へ日本製品の輸入制限方を提訴。民生用エレクトロニクス製品をめぐる日米貿易摩擦のはしり	199
1959 頃		メサ・トランジスタによる集積回路が開発される（米）		205
1959		IBM 社が全トランジスタ電子計算機 7090 を発表		211
1960		メイマン（米）がルビー・レーザをつくる		
1960 頃		電話の電子交換が実用化		
1960 代		ベル研究所が液晶の研究を本格化		
1962		フィリップス社（オランダ）がコンパクトカセットテープを発表		160
1962		ベル電話研究所（米）が PCM 通信を実用化		
1964			INTERSAT（国際電気通信衛星機構）設立。1965 年から商用衛星通信サービス開始	
1965		テンキー式電卓が商品化（日）		219
1969		ARPA のネットができる。インターネットの前駆		215
1970		コーニング社（米）が低損失光ファイバを開発。光ファイバ通信の実用を拓く		
1970 代から			東アジア振興工業国が民生用エレクトロニクス生産で先進国を急激に追い上げる	
1971		インテル社（米）がマイクロプロセッサを発表。マイコン時代が始まる		212～213
1972		アタリ社（米）設立。ビデオ・ゲームで成功する		214
1975		酸化亜鉛避雷器が日本で電力系統用に使われる		219
1977		アップルの II 形パーソナル・コンピュータ		214
1981		スウェーデン，ノルウェー，フィンランド，デンマークでセルラ方式の自動車電話システムの運用開始。携帯電話の実現へつながる		112

電気技術史年表

17

		発明・発見史	制　度　史	頁
	1983	ソニー社（日）・フィリップス社（オランダ）が CD を発表		160
	1989		ブラウン・ボベリ社（スイス・ドイツ）との ASEA 社（スウェーデン）が合併して，ABB となる。重電製造業不振の中で，巨大メーカー成立	160
	1989		ベルリンの壁崩壊。共産圏の崩壊はエレクトロニクスによる情報の自由がもたらしたものとされる	187

第1章

古代からの電気と磁気

1. 人類が電気を知る

　ヒトが知った最初の電気現象は雷であると思われる。それはいつ頃であったのだろうか。おそらく有史以前のことだろうが，特定は困難である。

　紀元前2200年頃の，メソポタミアのアッカドの回転印章（粘土の上に転がして印とするもの）に，雷と稲妻の形をした鞭を振るう気象神が描かれている[1]。雷撃の恐ろしい威力は古くからよく知られており，ギリシャ神話の主神ゼウス（ローマ神話ではジュピター）の武器は稲妻の電光であった。**図1.1**は，杯に描かれたその例である。北欧神話のトール神の武器も雷であった。教会の高い塔にはよく落雷したし，落雷は火薬庫の爆発を引き起こした。雷は日常の生活でときどき経験する恐ろしくも親しい現象であり，"晴天の霹靂"という表現やドイツ語の驚嘆詞"Donnerwetter!"は，このような矛盾した事情を反映している。雷雨は豊穣をもたらすとして歓迎もされた。雨が多い年は豊作になることが多いからである。

　雷に関するエピソードは枚挙にいとまがない。わが国には，俵屋宗達の「風神・雷神の図」もある。現代のIT社会においては，落雷による通信障害をわれわれはよく経験する。雷は，ますます恐ろしくも親しい現象になっていると

図1.1 古代ギリシャの酒盃に描かれた，雷電を手にしたゼウス

言えるであろう。
　しかし，当時のヒトは稲妻・雷鳴・落雷を今日のわれわれが考える意味での電気現象として受け取ったわけではない。今日のような"電気"の概念が形成され，雷が電気であることがわかったのは，紀元後17世紀になってからである。
　紀元前600年頃に，ミレトス（小アジアの都市で，ギリシャの植民地）のタレス（Thales）が，こはくをこするとほこりを吸いつけることを観察した。これが，歴史上で電気学（磁気学も含めた広義の電気学）のはじめとされている。タレスは哲学者・幾何学者・天文学者であり，自然界の根源が何であるかをはじめて考えた人で（彼は一切が水から生成すると主張した），自然哲学の祖と言われている。
　雷のほかにも，自然界にはシビレエイやセントエルモ光，オーロラ（北極光）などの電気現象があって，古くから知られていた。シビレエイは，触れたものに電気ショックを与える魚である。紀元後50年のローマの医者によれば，シビレエイからのショックを使うと治癒効果があったということを，電気史家モトレー（Paul Fleury Mottelay）[2]は記載している。

1621年には，フランスのガッサンディ（Pierre Gassandi）が北極光を観察して"aurola borealis"と命名した．11世紀には，ローマ法王グレゴリウス7世（"カノッサの屈辱"事件の法王）が，手袋を脱ぐときにショックを経験したという．12世紀には，テサロニカの司教が衣裳を変えるときに，火花が散ってパチパチという音がしたと伝えられる．これらは静電気による放電であったと考えられる(3)．

　雷雲が接近しているときに，海上の船のマストのとがったところからコロナ放電が起きる．暗ければその光が見える．地中海を航海するイタリアの船乗りが，紀元後3世紀末頃にこれを"セントエルモ光"と呼んだ．セントエルモ光は，地上でもとがった金属があると現れる．古代ローマのカエサルら将軍たちは，兵士の持つ槍の先が光ることを述べている．紀元後1世紀の大プリニウス（Gaius Plinius Secundus）の『博物誌』（Historia Naturalis）の第2巻37章には，次のようなセントエルモ光の記述がある(4)．

　　わたしは輝く星のようなものが，夜間塁壁の前で歩哨に立っている兵士の槍にくっついているのを見たことがある．また，航海中星が声に似た音を立てて，帆桁やその他の部分に下りて，鳥のように止り木から止り木へと跳ぶのを見た．

　コロンブスは，1493年の第2回航海でセントエルモ光を記録している．また，シェイクスピアの『テンペスト』にも出てくる．第1幕第2場で自然の精エアリアルのせりふに，

　　私は王の船に乗り込むと，舳先に行き，艫に行き，甲板に行き，船室に行き，火の玉に変身して連中を仰天させてやりました．ときにはこの身をいくつにも飛び散らせ，マストのてっぺんやら帆桁の上やら舳先の突端やらで，同時に別々に燃えるかと思うと，また一つの玉となる様は，恐ろしい雷の先触れ，あのジュピターの稲妻もかなわぬ，目にも止まらぬ，早業でした．

とある(5)．このように，セントエルモ光は広く知られた現象であった．17世紀になって，ベンジャミン・フランクリンが，セントエルモ光は放電であることを説明した．

2. 天然磁石から羅針盤へ

　天然磁石の吸引力は，紀元前数世紀にはヨーロッパと中国で知られていた。紀元前4世紀のアリストテレスや，紀元前3世紀末の『呂氏春秋』に関係の記述がある。

　磁石が南北の方位を示すことも中国では相当に古くから知られていて，地相占いなどに使われていた。青銅のなめらかな平板の上に，スプーン状の磁石を投げて占った。これは，磁気の最初の応用である。占いは政治の世界でもされていた。前漢と後漢の間の新（紀元8〜23年）の皇帝王莽は，反乱軍が宮殿に火をかけても，まだ磁石で戦の勝敗を占っていたと伝えられる。紀元後38年の王充の『論衡』も，このような磁石スプーン投げに言及している。

　中国では古くから"指南車"があり，これが磁石を使ったものであるとする説がある。しかしこれは誤解であって，指南車は磁石を使用せず，向きを指示する人形が，車両が移動しても当初の向きのままであるような制御装置を搭載していた。

　のち，水に浮かべて方位を示す"指南魚"が使われるようになった。1044年の『武経総要』によれば，これは，薄い鉄片を炭火の中に入れ，熱いままで南北の向きに置いて水で急冷してつくられた。この指南魚が，のちに針の形になった。宋の時代の沈括が1088年頃に著した『夢渓筆談』には，この形の磁針が記述され，さらに次のように偏角（磁針の向きが南北から少しずれている現象）も記している[6]。

　方術家が磁石で針の先をこすれば，南を指すことになるが，いつもやや東に偏寄り，完全には南を指さない。

　羅針盤は，紙，爆薬，印刷といった大発明と同じく，中国起源である。水に浮かべる方位磁針が陸路の旅行や航海に使われ，中国からヨーロッパへ伝わったのだろう。1190年頃にネッカム（Alexander Neckam）が方位磁針について述べたのが，ヨーロッパにおける磁針の初出とされている。彼は，ピボットで支えたと受けとれる磁針の記述を残している[7]。

1269年に，十字軍に従軍中（今日の言葉で言えば工兵隊にいた）のフランス人ペレグリヌス（Petrus Peregrinus. Pierre de Maricourt とも呼ばれる）が，『磁石についての手紙』（*Epistola de Magnete*）を書いた。これは約3,500語の長さで13章に分かれ，天然磁石の極，極同士の吸引と反発，磁石を砕いても破片は磁石であること，弱い磁石が強い磁石のそばに置かれると磁力が減少したり極性が反転したりすることなどを述べている。磁針をピボットで支えた目盛版つきの羅針盤についても記述してある。『磁石についての手紙』は，磁石を主題とする歴史上で最初の書物であり，次章で紹介するギルバートの『磁石論』が現れる以前の，磁石に関するもっとも重要な研究であった[8]。

　ヨーロッパで偏角の知識を最初に持っていたのは，日時計の製作者であったと考えられる。15世紀中頃から，磁針つきの日時計が旅行用にニュールンベルクやアウクスブルクで製作されていて，これに偏角補正がされていたという。偏角の観測の記録は，1544年のニュールンベルクの聖職者ハルトマン（Georg Hartmann）の手紙の中にある。コロンブスは，1492年の第1回大航海で偏角に気づいたと言われている。

　磁針が水平でなく傾くこと（伏角）を最初に知ったのは，ハルトマンであったとされている。彼の手紙は1831年まで埋もれていたので，それまではイギリスの羅針盤製作者であるノーマン（Robert Norman）の1581年の著作，『新引力』（The Newe Attractive）が伏角測定の最初の記述と考えられていた[9]。航海と通商が盛んになると，偏角や伏角，および地球上の場所によるその違いといった知識は重要度を増した。

雷の今昔

　太古の昔から，雷は人間にとって恐ろしい現象であった。電気学が今日のように進歩して，人間にとっての雷の意味は変わったであろうか。そのあたり，いくつかの点を述べてみたい。

　自然現象である雷は，巨大なエネルギーを持っている。雷の電圧は，雷雲が低い場合でも（雷雲の高度が低いほど，電圧は小さくなる）1,000万ボルトを越える。これは送電線の最高電圧の10倍以上である。雷撃の電流はだいたいのところ1万アンペア以上である。この数字から単純計算すると，雷のエネルギーは発電所1つ分よりずっと大きいことになる。

　雷のこの大きなエネルギーを利用できるであろうか。いまのところ，そしてたぶん将来も否である。その理由は，雷電流は短時間しか続かない（おおよそ1万分の1秒）ことと，落雷がいつどこで起きるか予測できないことである。短時間の電流であっても溜めれば使えるはずであるが，大量のエネルギーを溜めるということは，電気の場合は困難である（蓄電池とかコンデンサで溜めることはできるが，巨大エネルギーには適さない）。

　昔も今も，雷は害となることが多い。塔や大木のような突起物はよく雷撃を受ける。そのため避雷針をたてる。突起物をつくってやって，ここには落雷しても，付近の他の建物には落雷しないように作用するのである。人間が雷撃を受けると命にかかわる。ゴルフ場のグリーンや海面はほぼ平らなので，人がいると突起物と同じことになり，雷撃を受けやすい。陸上で茂みなどがあればその中に入るのがよく，何も近くになければ，ひざをかかえて体を丸くしてうずくまるほかない。

　木の下に避難するときには，その木に落雷した場合に木の幹に大きな雷電流が流れるから，幹から離れたほうがよい。しかし木の高さと同じ長さ以上離れると，木による保護効果がなくなる。木の枝が頭上近くにあると，雷電流が枝から頭へジャンプして人体を通って地面に行くおそれがある。だから，木の下にいてもうずくまるのがよい。木に落雷すると，幹から大地に入った雷電流は，深さ方向だけでなく面方向に広がる（その形は木の根に似ている）。木の下で両足を広げて立っていると，面方向に流れる雷電流が股を通ることになるので，危険である。両足は開かずにそろえているほうがよい。

　家の中で人体が雷撃を受ける可能性は低いが，考え方は野外の場合と同じである。雷に関係する言い伝えのうち，徳川家康の言として，"雷が鳴ったら多人数が

一箇所に集らず，いくつかの座敷に分散して，座敷の中ほどに座るのがよい"というのがある。壁の近くは木の幹の近くと同じで危険性が高いから，座敷の真ん中というのは合理的である。ただし今日では，部屋の天井の真ん中には電灯がぶら下がっていることが多い。電灯ほか電気の配線からは離れたところにいるべきである。

家康は壁の近くがなぜ危険かという理由を知っていたのであろうか。そんなはずはなく，経験による知恵として言ったのであろう。それに，家康がこれを本当に言ったかどうかも怪しい。"家康が言った"と聞けば，腑に落ちるかどうかは別として，人々が従うという仕組みであろう。"全員が一箇所に集るな"というのは，万一雷撃を受けても半数以上の人数が生き残るためである。言い伝えであっても，相当に合理的であることがわかる。

雷による事故や障害は多くなる傾向にある。コンピュータや電子機器に使われる半導体は，異常電圧が侵入すると容易に破壊する。半導体素子の性能が向上する（動作速度が速くなる）につれて，耐電圧は低下する。いまでは2ボルトから3ボルトで破壊する素子も使われているから，前述した雷電圧（1,000万ボルト）のわずかな一部分でも入ってくると故障が起きる。近くに落雷があって，電話やインターネットが不通になったことを経験した読者も多いであろう。現代においては，送電線への雷撃だけでなく，雷による異常電圧が配電線や電話線を伝わって家庭に侵入して，起きる事故が問題である。日本では，電力中央研究所ほかが相当に長い年月をかけてこの問題を研究している。近い将来に有効な対策がなされることを期待したい。

第2章

近代電気学のはじめ
―― 静電気の時代

1600年のギルバートによって，近代電気学が始まったとされている。これ以後，ボルタの電池発明以前の2世紀を本章で見ていこう。

1. ギルバート――近代電気学の創始者

イギリスのエリザベス女王の侍医であったギルバート（William Gilbert. 1544-1603）は，1600年に『磁石論』（*De Magnete*）を刊行した。彼は電気と磁気を比較して論じ，こするとほこりを吸いつける性質を持つ物質はこはくに限らないことを示し，そのような物質（ガラス・硫黄・封ろう・樹脂・種々の鉱物）をこはくのギリシャ語の名称にちなんで electrica（電気的物質）と名づけた。これが英語 electricity やドイツ語 Elektrizität の源になった。

図2.1はギルバートの肖像，図2.2は *De Magnete* である。磁石の実験において，ギルバートは天然磁石を削って球形にしたものを，テレラ（terrella. 地球のミニアチュア）と名づけて多用した。2つの球形（またはラグビーボール形）磁石をつなげて置くと，相互の位置によって吸引・反発，またはそのどちらも起きないという現象があること，また，3つ以上（鉄釘も使う）のテレラを置く場合，大小の球形磁石を置く場合，1つの磁石を2つに切断する場合，テレラのまわりのさまざまな位置に磁針を置く場合の磁針の示す向き，といっ

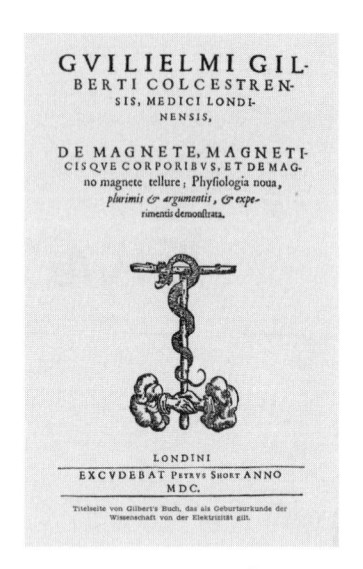

図 2.1　ギルバート　　　　　　図 2.2　ギルバートの『磁石論』

たさまざまな実験を『磁石論』の挿図に見ることができる。

　彼はまず現象を注意深く記述してから，これに対する先人の意見を紹介し，次にこれらの見解の当否を周到な観察・実験の記述に基づいて論じ，しかるのちにはじめて自己の見解を示した。ギルバートは，地球が巨大な磁石であると結論した。今日の言葉を使って表現すれば，磁性体と非磁性体を区別し，磁気誘導現象や磁気シールド現象も観察した。『磁石論』には英訳や邦訳があるので，読者はぜひ自ら目を通してほしい[1]。

　電気と磁気を包括した研究を行い，系統立った説をつくりあげたギルバートは，近代電気学の創始者とされている。イギリスでは，13世紀にロジャー・ベーコンが実験研究の重要性を唱えたが，ギルバートはその精神を復興した。彼と同時代人であったガリレオ・ガリレイは彼を賞賛して，「私は『磁石論』の著者を尊敬し，うらやましく思う」と述べている。

　摩擦電気の引力を検知する器具として，ギルバートは**図 2.3**のように針でできたヴェルソリウム（versorium）を考案した。これで，磁気の器具である羅針盤と併せて，磁気と電気についての計測器具の両方がそろったわけである。

ギルバート以後の200年は，静電気の実験の時代であった。静電気は人体へのショックや放電などの現象のもととなる。これらの現象は印象深いが，一瞬にして消失してしまうので，観察して科学的に

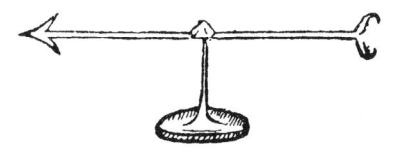

図2.3　ギルバートのヴェルソリウム

記述するのは困難である。静電気の時代の実験は，宮廷などで上流階級の人々を楽しませるためのデモンストレーションでもあった。しかし18世紀末には，次の動電気の時代のさきがけとなる実験が現れ，実用へのアイデアも出てきた。

2. ゲーリケから摩擦起電機へ

　静電気時代の大きな展開は，1663年頃にドイツ・マグデブルクの市長ゲーリケ（Otto von Guericke）によってなされた。彼は，図2.4のように硫黄の球に心棒をつけて回転させ，表面を手でさわった。球は帯電して，軽い物体を引きつけた。その物体がいったん硫黄球に接触すると，物体は球から反発された。綿毛がさわると，その毛は開いた。摩擦した硫黄はパチパチという音を立て，

図2.4　ゲーリケの硫黄球

弱い光を発した[2]。これらは今日の立場から見れば，帯電，静電気による吸引と反発，放電と発光である（電気力の反発は，1629年にイタリアのカベオ [Nicolo Cabeo] によって発見されていた）。

ゲーリケは摩擦起電機の発明者とされる。しかし，歴史家のローゼンベルガー[3]は，ゲーリケ自身がこれらの実験結果の記述に"電気"の語を使っていないことから，摩擦起電機のゲーリケ発明説に疑義を呈している。なお，ゲーリケは真空ポンプをつくって金属半球を2つ合わせたものを減圧し，これを離すのには何頭もの馬で引く必要があるという実験を行った。これは，マグデブルクの半球として有名である。

科学の認識は，観察対象や実験器具・装置の変化とともにジグザグに，また揺れ動きながら変貌していく。何を突き止めようとしているか，その対象の認識自体が大きく変わっていくのである。"電気"という語は，最初，こするとほこりを吸いつける性質を持つ物質を指していたが，のちにこういった現象すべてを意味するようになり，さらに，これらの現象の背後にある原理の意味になった。この過程は電気学の関心の対象の変化であり，同時に"電気"という概念の形成でもある。ローゼンベルガーの指摘するように，ゲーリケには"電気"という概念がなく，したがって"電気を起こす"という意図があったとは言えない。しかし，その後の推移からすると，ゲーリケの回転硫黄球から摩擦起電機が始まったと言うことはできる。

のちに硫黄球はガラス球に変わり，さらに1750年頃にガラス円板起電機がつくられた。1760年代のインゲンハウス（Ingenhauz. オーストリア）やラムスデン（Ramsden. イギリス）のガラス円板起電機は著名である。ガラス円板起電機はガラス球起電機よりも強力であったが，高い電圧を発生できるようになると絶縁するのに困難が生じた。オランダ・イギリスの科学機械メーカーであったカスバートソン（John Cuthbertoson）はこういった困難を乗り越えて，巨大なガラス円板起電機を製作した。後述のマールムの起電機は彼の作品である。

3. ホークスビーとグレー——電気力線を示す糸，絶縁体と導体

1675年にフランスの天文学者ピカール（Jean Picard）が，水銀気圧計を運ぶときに真空の部分に発光を認めた。これが真空放電の観察のはじめとされている。

イギリスのホークスビー（Francis Hauksbee）は，二重ガラス球の空間を排気して，真空放電を実験した。彼は1709年の著書[4]で，この空間に糸を入れ

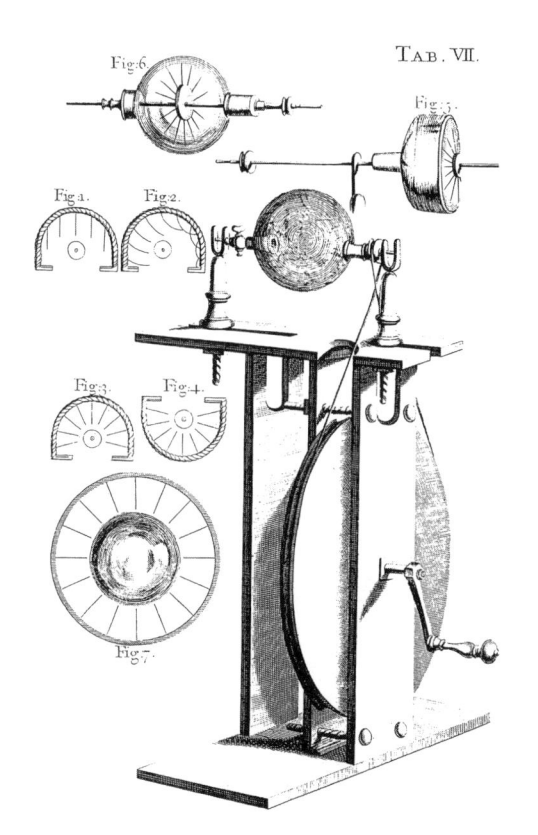

図2.5　ホークスビーの実験

ると図2.5のように糸が放射状に伸びることを述べた。これは今日の立場から見れば，電気力線を示したものである。

イギリスのグレー（Stephen Gray）は1729年に，帯電した物体が軽い物体を引きつける能力を，麻糸を通じて遠くへ伝える実験した。さらに針金を絹糸で吊って，約800フィート（約240メートル）の伝導に成功した。こうして，彼は電気の絶縁体と導体をはじめて区別した。電気を利用するには，これを導線で伝えるだけでなく，導線が大地にさわって（ショートして）逃げてしまわないように絶縁しておく必要がある。それゆえ，グレーによる絶縁体と導体との区別は，今日の電気文明を可能にした基本的発見である。彼は単に現象を観察するだけでなく，針金を吊って長く張るというアクションを起こして，その結果を調べた。ここには電気研究を行うについての新しい姿勢が見られる。

1747年頃にイギリスのワトソン（William Watson. 薬種商であった）は，ロンドンのロイヤル・ソサエティ会員の協力を得て，ウェストミンスター橋に沿って1,200フィート（360メートル）の線を張り，テームズ川を隔てて人に電気ショックを与えたり，電気火花でアルコールに点火する実験をした。彼はさらに線を数マイルも伸ばして，電気の伝わる速度を推定しようとしたが，彼の実験では"瞬間的に伝わる"としかわからなかった[5]。

4. 静電気を溜めるライデンびん

ライデンびんは，1745年に発明された。図2.6のように，ライデンびんを手に持ってもう一方の手で電極をさわると，ものすごいショックを受ける。ガラスびんに水を入れて電極を浸し，これに電気を与えると，電気を溜めることができるとわかった。ライデンびんは世界最初のコンデンサ（蓄電器）であった。ライデンびんの発明者としては諸説があり，ドイツのクライスト（Ewald Georg Kleist），オランダのムッシェンブレーク（Pieter van Musschenbroek），同じくオランダのクネウス（Andreas Cunaeus）とアラマン（Jean Nocholas Sébastian Allamand）が挙げられる。クライストが先行していたとも言われる[6]が，アラマンがパリのノレに書いた1746年7月1日の手紙がもとになって，

図 2.6 ライデンびんの実験

ノレが"ライデンびん"と呼び，この名が定着した。

17世紀の電気学は，ニュートンの『光学』（Opticks. 1704年初版）の影響もあって，実験が中心であった。ライデンびんの発明はヨーロッパの学者世界で有名になり，以後，電気学者に必須の実験器具になった。ライデンびんの発明以前は，摩擦によって発生させた電気を実験に使ったが，以後は電気を溜めて使えるようになり，さまざまな実験ができるようになった。ワトソンは，ライデンびんの電気から火花放電が起きることを確かめた。ライデンびんは，19世紀末になってもコンデンサとして高電圧の実験に使われた。

5. デュフェとフランクリン——電気流体説

1733年にフランスのデュフェ（Charles Francois Cisternay Dufay）は，電気

にはガラス電気と樹脂電気の二種類があると述べ，異種の電気は引き合い，同種であれば反発するとした．電気を流体，あるいは液体のようなものだと考えると電気現象を説明しやすく，デュフェの説は電気二流体説と呼ばれた．ホークスビーやグレーらによる知見を通じて，現象の奥に何かの作用原理のようなものがあると感じられ，それを"電気流体"としてイメージしたのであろう．ゲーリケの時代との違いがここに見られる．

図2.7　フランクリン

フィラデルフィア（当時イギリスの米植民地）のベンジャミン・フランクリン（Benjamin Franklin. 1706-90）は，デュフェの二流体説に対して，電気流体は一種類しかないと唱えた（一流体説）．図 2.7 は彼の肖像である．電気流体の過不足によって2つの状態があり，その結果，2種類の電気があるように見えるというのである．最初に電気に＋と－の記号を使ったのもフランクリンである．1745年には，ワトソンが plus や minus という語を使用している．

フランクリンは実験の結果を手紙でロンドンに送り，これが1751年にロイヤル・ソサエティの『フィロゾフィカル・トランザクションズ』（*Philosophical Transactions of the Royal Society*）に掲載され，"フィラデルフィア実験"という通称で有名になった．翌年には，そのフランス語訳がパリで刊行された．その後，ドイツ語版，イタリア語版も現れた．フランクリンの説に基づいて，1752年にダリバール（Jean F. Daribard）が，図 2.8 のようにパリ近くのマーリ（Marly）で 40 フィート（12 メートル）の高さの避雷針を立てた．同年中にフィラデルフィアでも避雷針が立てられた．フランクリンは避雷針や凧を使って雷雲の電気をライデンびんに溜め，これがガラスなどをこすってできる電気と同じ作用があることを検証した．シビレエイから雷まで，すべて同

図 2.8 ダリバールの避雷針

じ電気であることを明らかにし，これを統一して扱う考えが形成されたのである。

このフランクリン説の受容をめぐる論争とともに，電気研究が進んだ。この意味で，フランクリンを里程標として電気学史を区切る史家もいる[7]。

米植民地は発達途上地域として低く見られていたので，フランクリンの着想と実験はヨーロッパの学者を驚かせた。彼は，"最初の文明化された米国人"（The first civilized American）と呼ばれた[8]。ヨーロッパ社会で米国の科学が認められた最初という意味で，フランクリンは歴史の里程標となったのである。印刷業に従事し，図書館や郵便を創始した彼は，米国の"文明開化"をはかった人である。ヨーロッパで著名人となったフランクリンは，科学者としての名声を利用して，フランスはじめヨーロッパ諸国の米国独立派への支持を取りつけ，米国独立革命の成功を助けた。

一流体説と二流体説

　電気流体説について，イギリスではフランクリン説（一流体説）がとられたが，ヨーロッパ大陸ではフランスのノレ（Abbé Jean Antoine Nollet）をはじめ，二流体をとる学者が多かった。

　ノレは1747年に，金属箔2枚に電気を与えたときの箔の開く角度から電気の強さを測定する器具（今日の箔検電器と同じ）を記述している。そこでは，光を当ててスクリーンに箔の影をつくり，スクリーンにつけた目盛から箔の開く角度がわかるようになっていた。これはエレクトロメータの最初であると言うことができる。

　イギリスのカントン（John Canton）による静電誘導の発見も，フランクリン説の受容の過程でなされた。コルク玉を糸で吊るした検電器を金属棒につけて，帯電したガラス棒を近づけたところ，ガラス棒が金属棒にさわらなくても，2つのコルク玉と糸が開くのを見い出した。ガラス棒と金属棒間の距離が小さいほど，開く角度は増大した。ガラス棒から金属棒に火花を飛ばしたあとでは，逆に，ガラス棒と金属棒間の距離が大きいほど開く角度は増大した。これは，今日の学校で箔検電器を使って行う実験と同じである。

　電気二流体説と一流体説との論争で，放電の光が決め手になると考えられた。オランダのハーレムにあるテイラー博物館（Teylers Museum）のファン・マールム（Martinus van Marum）は，直径1.65メートルという巨大なガラス円板2枚からなる摩擦起電機と大型ライデンびん多数を設備して，放電を詳細に観察した。彼の装置は61センチメートルの長さの火花放電を飛ばすことができたという。しかし結局は，放電の光を観察しても，電気二流体説と一流体説との論争に決着をつけることはできなかった[9]。

　マールムの装置は，約10万ボルトの電圧を発生したと推定される[10]。この装置は今日でもテイラー博物館で見ることができる。テイラー博物館の古びた雰囲気は独特で，まったくの別世界である。読者にも訪問をすすめたい。**図2.9**は，1881年にパリで開催の第1回国際電気博覧会に出品されたマールムの起電機である。

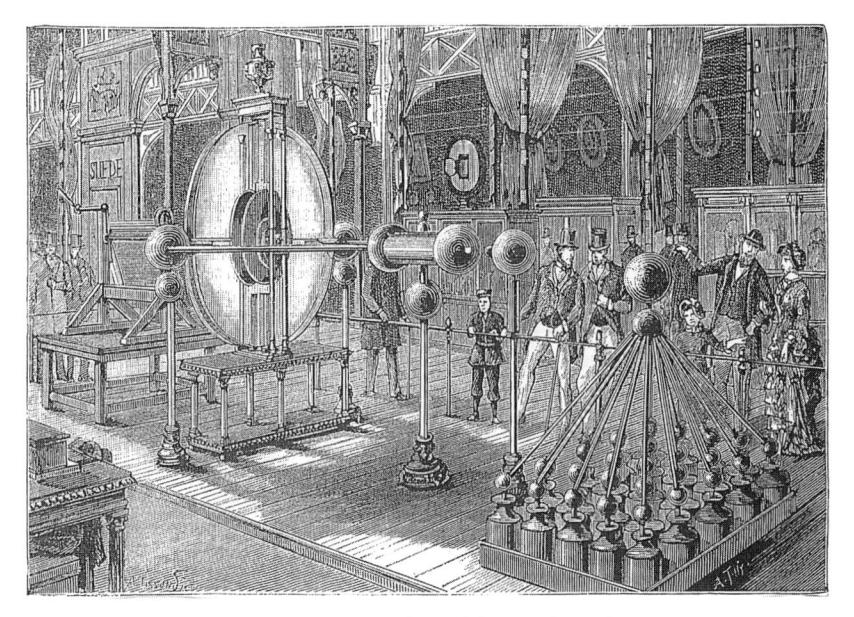

図 2.9　パリ国際電気博覧会（1881 年）に出品されたマールムの
　　　　巨大なガラス円板起電機とライデンびん群

　現代の電磁気学によれば，電気磁気現象は電子によるものであるから，一流体説が正しいように見えるが，他方で，半導体物理ではエレクトロン（電子）と正孔を考えるなど，二流体説に似た考え方もある。つまるところ，現象は同じで，説明の仕方が違うのである。この事情は，光の波動説・粒子説の論争とも似たところがある。

6. バロックとロココ——実験遊戯の時代

　この頃，王侯貴族の間や上流社会では電気の実験が流行した[11]。絹ひもで吊った人体を導体として静電気を伝える実験や，図 2.10 のように絶縁台に乗って摩擦起電機にさわり，キスをすると小火花が飛ぶ"まことの愛を示す電気キス"や，アルコールを電気火花で点火するなどである。いちばん有名だったのは，手をつないだ多人数にライデンびんから電撃を与えるデモであった。ノ

図 2.10　電気キス

レは，1746 年に国王ルイ 15 世の前で近衛兵 180 人に手をつながせて，ライデンびんからのショックで跳び上がらせた。この種の実験は，日本でも橋本宗吉（曇斎）が『阿蘭陀始制エレキテル究理原』(1813［文化 10］年) の中で"百人嚇(おびえ)"として述べている。

　欧米においてこれらの実験は，宮廷だけでなく街でも地方でも人気があった。19 世紀の中頃まで，物理・化学・電気の実験師が実験器具セットを持って方々を巡回した。フランクリンが電気に関心を抱いたのも，イギリスから来た実験師の講演を聴いたのがきっかけになった。

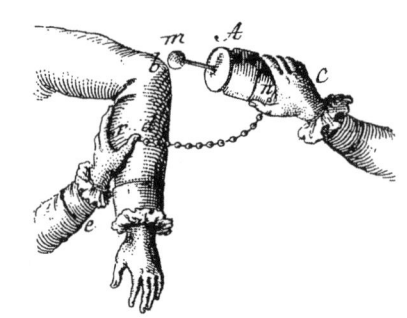

図 2.11　静電気の時代の電気医療

第 2 章　近代電気学のはじめ

38

電気はまた，電気医療(12)や植物の生長促進に効果があると考えられ，これらに応用された。図 2.11 はその例である。生体に対する電気の作用は今日でもよくわかっておらず，なお研究を要する対象である。

バロック期は実験遊戯の時代であったが，個々の現象を観察して記述するだけでなく，その背後に"電気"という統一原理があると考えるようになり，その本質を考察し，また，電気の量を測定しようとする志向も現れた。こうして，18 世紀中葉まで電気学は着実に進歩した。

7. クーロンの法則──19 世紀への橋渡し

静電気の時代のフィナーレを飾ったのは，電気の吸引・反発力が距離の二乗に反比例するという法則（クーロンの逆二乗則）の発見である。電気工学の学生には電磁気学の講義の最初にこの法則を教えるので，読者の多くにもなじみ深いであろう。数学の式で表現される電気の法則が現れたのは大きな変化であり，クーロンの法則は 19 世紀の電気学への橋渡しであったと言うことができる。

電気力が距離の二乗に反比例することは当時の多くの学者が予想していたが，フランスのクーロン（Charles Augustin de Coulomb. 1736-1806）は，零位法（検出器の振れが零になるような量を外部から印加し，この量の大きさから被測定量を定める方法）による精密測定の可能なねじり秤を考案し，1785 年に逆二乗則を証明した。図 2.12 は，彼のねじり秤である。イギリスのキャベンディッシュ（Henry Cavendish）がこの証明を 1772 年に行っていたことがあとになってわかったが，クーロンの実験と入念な研究は，時代を超えた価値を持つものであった。

18 世紀までは，静電気が電気学の主流であった。18 世紀の最末期には電池が発明され，連続して電流を流す動電気の時代になった。静電気の時代と動電気の時代の違いは大きいが，決して断絶していたわけではない。仮に，電池が発見されることがなく動電気が利用できなかったとしても，電気学が同じように進歩したであろうということが，ある程度は言えるのである。電気を実用す

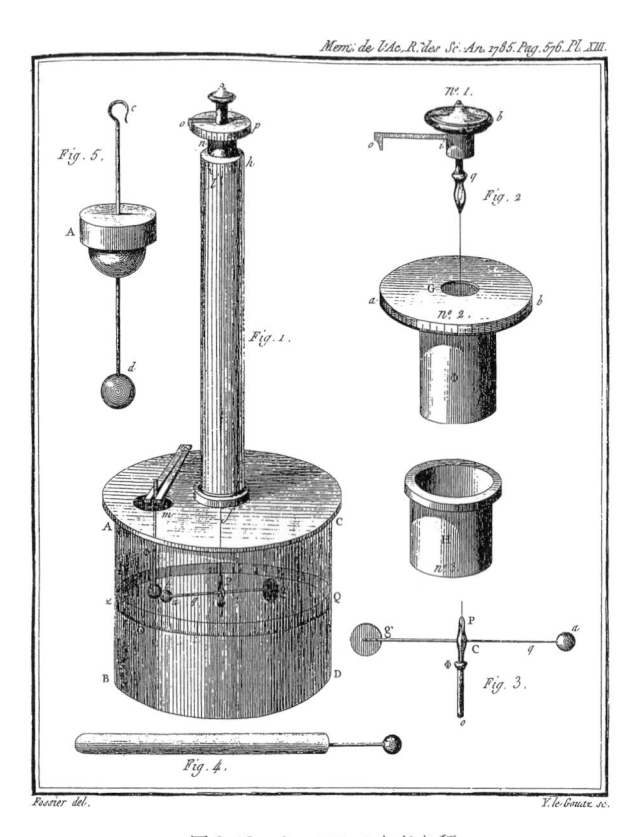

図2.12　クーロンのねじり秤

る着想は静電気の時代からあり，電気を熱源・照明として使う考えはその例である。電気を流したときの金属線の赤熱・白熱現象は，静電気の時代にすでに観察されていた。ファン・マールムらは，ライデンびんの電気を金属線に流して溶融させた。静電気を使う電信も，後述のように何人もが提案している。

電気の博物館

電気の歴史の博物館について，いくつか紹介しよう[13]。

歴史上の電気技術記念物の実物を見ようとすれば，欧米の博物館に行かなければならない。次の4箇所は世界の四大技術博物館と言われていて，それぞれに電気関係展示がある。

・パリ工芸院博物館（Musée des arts et métiers, C. N. A. M., 1794年設立）
・ロンドン科学博物館（Science Museum, 1857年開館）
・ドイツ博物館，ミュンヘン（Deutsches Museum, 1925年正式開館）
・スミソニアン国立アメリカ歴史博物館，ワシントンDC（National Museum of American History, Smithsonian Institution, 1964年開館）

フランスには，静電気時代のデュフェ，ノレやクーロン，動電気のアンペールらの学者だけでなく，ブレゲ，フロマン，ピキシ，グラムほか，重要な機械器具製造家もいた。パリ工芸院博物館では，電信，発電機・電動機，無線機など，この国のスペシャリティーズを見ることができる。この博物館のいちばんの見ものは，大きな球形ボイラーを持つキュニョーの蒸気自動車である。

ピキシの世界最初の発電機はここにはなく，ドイツ博物館とスミソニアン国立アメリカ歴史博物館にある。

ロンドン科学博物館の見ものは，まずいちばんにアークライトの紡績機，ニューコメンの巨大な蒸気機関，スチブンソンの蒸気機関車ロケット号等の第一次産業革命の記念物である。電気関係では，バベッジの計算エンジンや，照明のコレクションがある。ファラデーのリング・コイルほかは，この博物館ではなく，ロイヤル・インスティテューション（ロンドン市内）にある。

ミラーがつくったドイツ博物館は，世界最大にして最良の技術博物館と言われる。設立以来，世界の技術博物館の手本であり，技術の発達史に関心のある技術者にとってはメッカのようなところである[14]。プラネタリウムを設備した博物館も，ここが最初である。ここは，とくに技術史上の記念物の本物を集めることに努力していて，見ものというと本当に枚挙にいとまがない。電気の分野では，ピキシの発電機，シーメンスの発電機や電車，フランクフルト国際電気博覧会のときの交流発電機，ヘルツの電磁波の実験装置などがある。大規模な高電圧のデモンストレーションがあって，人気を集めている。ゲーリケのマグデブルクの半球もある。ドイツ博物館の外観を次頁に示す。

〈ドイツ博物館〉

　スミソニアン・インスティテューションの国立アメリカ歴史博物館は，当初はドイツ博物館を手本に出発したが，科学技術の社会史の展示に力を入れるようになった。この方向での展示と研究で，世界の技術博物館界でリーダシップをとっている。電信のはじめからパソコンまでを扱った"情報化時代"(information Age) 展示は，世界各地の科学技術博物館で手本となっている。

　これら4館に次ぐ存在として，ヴィーンの工業博物館(Technisches Museum für Industrie und Gewerbe. 1918 年開館) と，プラハの技術博物館（1908 年開館），ミラノの国立レオナルド・ダ・ビンチ科学技術博物館（Museo Nazionale della Scienza a della Tecnica Leonardo da Vinci. 1953 年開館）がある。電信機，発電機・電動機，ラジオなどを，これらの博物館で見ることができる。

　以下，筆者が見学したところを中心に，世界各地の電気関係の博物館を挙げておく。

　ストックホルム技術博物館・電気通信博物館；ノルウェー技術博物館・ノルウェー電気通信博物館（オスロ）；スイス通信博物館（ベルン）；エレクトロニクス歴史博物館（ボルティモア）；コンピュータ史博物館（米国カリフォルニア州マウンテンビュー）；ハンガリー電気博物館（ブダペスト．ハンガリー電気学会の博物館である）；ミュンヘン電力計博物館；スケネクタディ博物館（米国ニューヨ

第2章　近代電気学のはじめ

ーク州. GE 社関係のコレクションがある）；大マンチェスター科学・産業博物館（屋内配線器具のコレクションもある）；ラジオ・フランス博物館（パリ）；ドイツ放送博物館（ベルリン）；アンティーク・ワイヤレス・アソシェーション博物館（米国ニューヨーク州ブルームスフィールド）；シーメンス博物館（ミュンヘン）；モトローラ・エレクトロニクス博物館（米国シカゴ近郊のシャウムバーク）；ブリティッシュ・テレコム博物館（ロンドン）。

エジソン関係の博物館は，コラム「エジソン関係のアーカイブと博物館」に挙げておいた。テイラー博物館についても，第2章で触れた。
著者が見学した国内の博物館も，いくつか紹介しておこう。
東京に，ていぱーく（通信総合博物館），NHK 放送博物館があり，東京都府中市には電気通信大学歴史資料館がある。千葉県立現代産業科学館には，レプリカであるがピキシ発電機とシーメンスの電気機関車がある。どちらも実物大の本格的なものであり，読者にも一見をおすすめしたい。
企業博物館のうち，京都の島津創業記念資料館には，静電気起電機ほか教育用電気器具の記念物がある。日立製作所の小平記念館（茨城県日立市）には，同社の創業小屋ほかが保存されている。東芝科学館（川崎市）は，電気の企業博物館のしにせである。ここは，最近，歴史の展示に力を入れており，同社の創業者というべき田中久重と藤岡市助の展示がある。大阪府門真市に松下電器歴史館，奈良県天理市にシャープ歴史ホールがある。なお企業博物館は，見学に予約が必要な場合がある。

第3章

電池の発明から動電気の時代へ

　ボルタによる電池の発明以後，19世紀からは動電気の時代になる。静電気が高電圧で瞬時に消失する小電流であるのに比較して，動電気は低電圧で持続する大電流という違いがある。電気の応用のうち，とくに動力や電力を扱う場合には，電気を一度磁気に変えて（電気工学の言葉で表現すれば，磁束を発生させて），電流と磁気との相互作用を利用する。電磁石，発電機，電動機，変圧器などは，どれもこの原理に基づいている。

　静電気では大電流を持続して流せないので，磁気を発生することは事実上不可能であり，動力にはほとんど役立たない。電信・電話，電灯照明ほか，電気の大規模応用は，すべて動電気によって可能になった。それゆえ，動電気の電源を実現したボルタの発明は非常に重要である。

1. ガルバーニからボルタへ——電池の発明

　1786年にイタリアのボローニャの解剖学教授ガルバーニ（Luigi Galvani. 1737-98）は，解剖したカエルに異種の2つの金属で触れると，カエルの脚がけいれんすることに気づき，これがカエルから発生する"動物電気"によると考えた。図3.1は，これを示している。

　同じくイタリアのパヴィア大学の物理学教授ボルタ（Alessandro Volta. 1745

-1827）は，この現象はカエルという生物によるものではないと主張し，ボローニャとパヴィアという両大学の対抗意識もからんで，ガルバーニと論争になった。これがボルタによる電池の発明につながった。今日では，この現象はカエル自体によるものではなく，異種金属の接触電位差によって起きることがわかっている。

ボルタは，直径1インチほどの銅（または銀）と錫（または亜鉛）の円板の間に水（または酸）を浸ませた厚紙をはさんで，多数組を積み上げた"電堆"と，塩水の入ったコップに銀メッキ銅板と亜鉛板を入れていくつもつないだ"コップの王冠"の，2種類の電池をつくった。

ボルタは，1800年に彼の電池についてロンドンのロイヤル・ソサエティの会

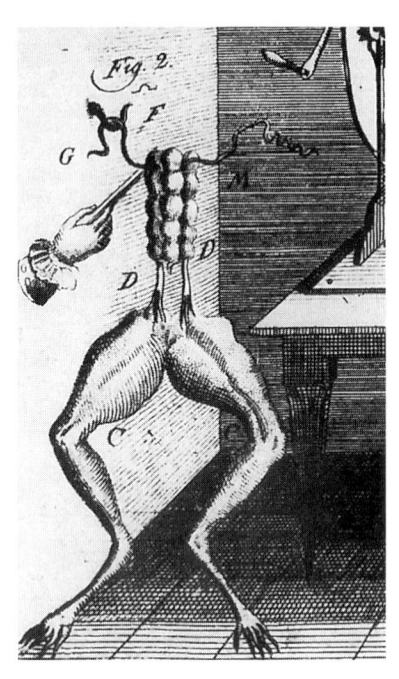

図3.1　ガルバーニのカエルの脚の実験

長バンクス（Sir Joseph Banks）に手紙で知らせ，これが同会の例会で読み上げられ，機関誌『フィロゾフィカル・トランザクションズ』に掲載・出版（本文は仏文）された。こうして，ボルタの電池の発明はヨーロッパ中に知れ渡った。**図3.2**はこの論文のイラストである。

ボルタの論文発表後すぐに，各地の学者は電池をつくって実験をした。応用として，コインの浮き彫りをつくる電鋳やメッキが行われるようになった。これら電気化学は，電気医療に次ぐ電気の実用のはじめと言うことができる。ボルタの電池の出現が，電気の科学から技術への橋渡しをしたのである。

大面積の極板の電池を設備して実験することも行われた。イギリスのデービー（Humphry Davy. ロンドンのロイヤル・インスティテューションの教授）は，1807年頃に電気分解でカリウム，ナトリウム，バリウム，ストロンチウム，カルシウム，マグネシウムを分離し，また，炭素アークをつけた。ロイヤ

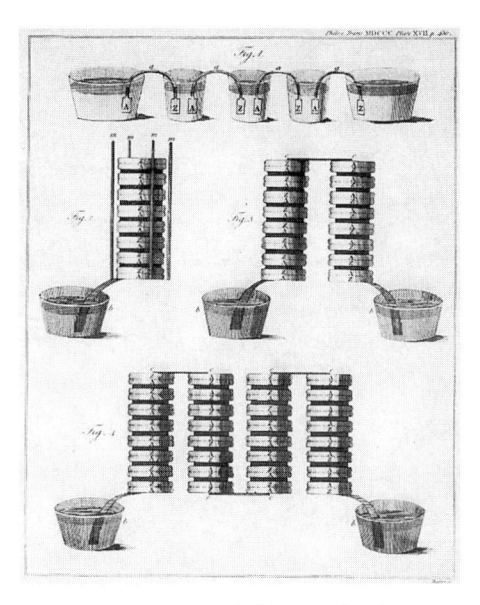

図3.2 ボルタの電堆とコップの王冠

ル・インスティテューションは，彼のために200対の電極を持つ電池を設備した。

ボルタの名は，電圧の単位ボルトや電圧の英語 voltage のもととなった。今日から見ると，ガルバーニとボルタとの論争ではボルタが正しかったわけであるが，ガルバーニの名も検流計の galvanometer（ガルバノメータ）やメッキする意味の英語 galvanize などに残っている。

電池の発展

その後，さまざまな電池がつくられた。今日のマンガン乾電池の原型であるルクランシェ電池は，1868年にフランスのルクランシェ（Georges Leclanché）によって発明された。電池は1870年代に家庭でも呼び鈴用などに使われるようになり，さらに電話や扇風機などにも使われるようになった。

充電のできる電池である蓄電池（二次電池ともいう）のアイディアは1850年代からあり，59年にフランスのプランテ（Raymond Gaston Planté. 1834–89）

が実用的な鉛蓄電池を開発した。

　直流による配電が始まると，一日のうち電灯需要の多い時間帯だけ発電機を運転して，深夜は蓄電池だけで電力を供給するとか，とくに電力の大きいピーク負荷を蓄電池でカバーするとかが行われた[1]。交流では蓄電池を使うことができないので，後述する電気供給事業に直流・交流のどちらを用いるべきかという論争では，蓄電池利用が直流システムの利点として宣伝された。自動車が鉛蓄電池を搭載していることは，読者の多くが知っているであろう。

　温度変化の影響を受けずに起電力の基準を与える標準電池としては，1872年のラチマー・クラーク（Josiah Latimer Clark. イギリス）の電池がある。92年には，これを改良したウェストン電池が考案された。ウェストン（Edward Weston. 1850–1936. 米）はアーク灯や発電機を製造していたが，これらの普及には電気計測器が必要であることを痛感して，標準電池のほか電力計・電圧計を開発した。ウェストンの電気計測器は世界の方々で手本とされた。

　今日では，携帯電話ほか多くの情報・通信機器や家庭電気機器に電池が使われている。IT社会は電池社会であると言えるであろう。

2. 電流の磁気作用——エールステズの発見

　電気と磁気との間に関係がありそうだということは，多くの自然哲学者（19世紀までは科学者をこう呼んでいた）が推測していた。フランクリンは雷撃によって磁石の極が反転することを記述している。今日の知識から説明すれば，これは雷の電流で生じる強力な磁気によって磁石の極性が変わるのである。しかし当時は，電気と磁気との間にどんな関係があるかは明らかではなく，なぞであった。

　1820年にデンマークのエールステズ（Hans Christian Oersted. 1777–1851. 童話作家アンデルセンの庇護者でもあった）は，導線をボルタ電堆につなぐと，そばに置いた磁針がその瞬間に振れることに気づいた。電流に磁気作用があることが発見されたのである。この知らせはすぐにヨーロッパの学者世界に広まって，方々で追試と研究が始まった。

フランスのアンペール（André Marie Ampère. 1775–1836. 図 3.3 に肖像を示す）は，エールステズの発見のニューズの数週間後には関連した研究報告をパリ・アカデミーで行っている。1820 年中に，フランスのビオ（Jean Baptiste Biot）とサバール（Félix Savart）は，電流の強さと導体の形から，導体周囲の磁界の強さが決まるという公式を見い出した。アンペールの法則も発見された。これら電流の磁気作用に関する法則は，電磁気学の教科書に出てくるから，電気技術者にはなじみ深いはずである。

図 3.3　アンペール

電気と磁気との間の量的関係を公式で示すようになったのだから，1820 年における電気学の進歩は非常に大きかった。この進歩は，フランスにおけるラグランジュやラプラス以来のエコール・ポリテクニーク風の数理科学によってもたらされた。

他方，アンペールの法則は入念な実験にも基づいており，これには実験器械製造業者ピキシ（Antoine Hippolyte Pixii. 1808–35）の寄与もあった。ピキシは，後述のように，世界で最初の発電機を製作した人である。

1820 年のうちに，ドイツのハレ大学の教授シュヴァイガー（Johann Salomon Christoph Schweigger. 1779–1857）が，磁針を導線の上に置いても下に置いても振れることから，導線を何回も折り返せば効果が増すと考えて，磁針の周りに何回も線をめぐらす"増倍器"（Multiplikator）を考案した。図 3.4 にこれを示す。シュヴァイガーの増倍器は検流計（ガルバノメータ）であり，今日の指針型電流計・電圧計の原型である。また，コイルの発明と見ることもできる。彼は絹巻およびワニス塗りで絶縁被覆した線を使用した。ガルバノメータは電気計測器のいわばエースとなった。大西洋横断海底電信の受信用にケルビン（イギリス）が考案したミラー・ガルバノメータや，ダッデル（William du Bois Duddell. イギリス）の 1897 年の電磁オシログラフ，心電計のもととなったオ

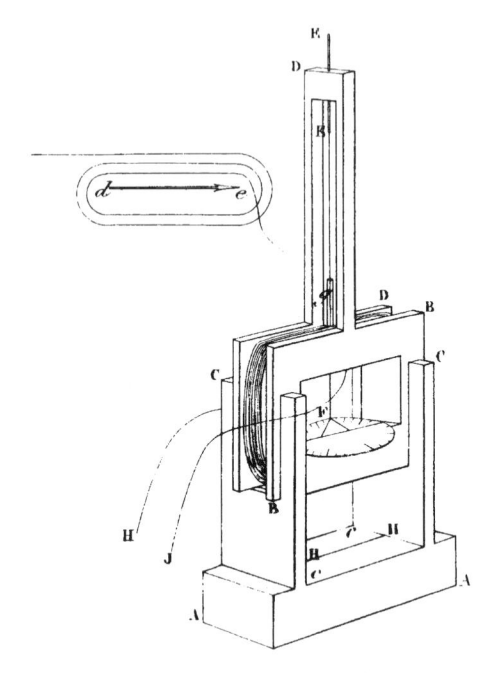

図 3.4　シュヴァイガーの増倍器

ランダのアイントホーフェン（Willem Einthoven）の弦線検流計（1901 年）は，増倍器から発達した電気計測器の例である．初期の電信にはシュヴァイガーの増倍器を受信機に使うアイディアもあった．

3. 電磁石の発明

1825 年には，イギリスのスタージャン（William Stugeon）が世界最初の電磁石をつくった．スタージャンの電磁石は，図 3.5 のように馬蹄形に曲げた軟鉄棒（長さ 1 フィート ［30 センチメートル］，直径 0.5 インチ ［13 ミリメートル］）にシェラックをコートし，絶縁被覆のない裸銅線を 16 回スペース巻きしたものである．この電磁石は 9 ポンド（約 4 キログラム）の荷重を吊り下げることができた．発明当時には，電磁石は公開実験のツールとして使われた．今

日では，発電機・電動機・変圧器はじめ，動電気を使う場合には（電球や電気化学以外は）ほとんどいつでも必要である。したがって，この発明の意義は大きい。

続いて，電磁石の詳細な実験が米国のオールバニーで物理学教師ヘンリー（Joseph Henry）によって行われた。

彼は，絶縁被覆を鉄心ではなくて電線の方に施した。被覆材として，夫人の白いペチコートから絹リボンをこしらえて使ったという。のちには，安価なリネンを用いた。細くて長尺の銅線は，以前からボンネットなどの服飾用のものが利用できた。ヘンリーが30フィート（9メートル）の電線を400回巻いてつくった電磁石は，自重の約25倍にあたる14ポンド（約6.4キログラム）の荷重を吊り下げることができた。強力な電磁石は，実験講義のデモを印象深くするためにも必要だった。使用した電池の大きさは，2.5平方インチ（約16平方センチメートル）の亜鉛極板を使ったものであった。当時は電圧と電流の概念が明らかでなく，電気の単位がまだなかったので，電池や電磁石の能力は電極面積や吊り下げ荷重で記述されたのである[(2)]。

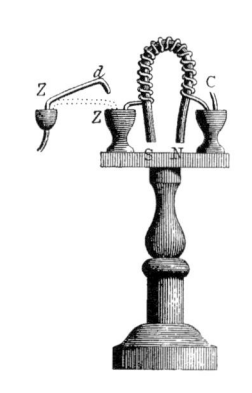

図3.5　スタージャンの電磁石

電磁石の吊り下げ荷重を増大させようと，ヘンリーがコイル（巻線）の巻数を増していったところ，増加が次第ににぶって，さらに巻数を増してもむしろ吊り下げ力が減少するようになった。これは今日の知識で言えば，電線の電気抵抗が増して電流が減少するためであるが，オームの法則が知られていない当時は不可思議な現象であった。

さて，エールステズの実験で電流から磁気が生じるとわかると，逆過程として磁気から電気が発生するはずだと多くの学者が推測した。しかし，これを確かめる実験は誰もできなかった。

1824年にフランスのアラゴ（Dominique François Jean Arago）は，導体円盤と磁石を向かい合わせておいて，そのどちらか一方をまわすと，他方も同じ向きにまわることを発見した。アラゴの円盤の動作原理は，後述するレンツ

(Heinrich Friedrich Emil Lenz. 1804-65. ドイツ）の法則によるものであるが，当時は説明がつかなかった。

　アラゴの円盤と"磁気から電気が発生するはずである"ことと何か関係があると思われたが，どんな関係であるかは誰にもわからなかった。解決のカギは，"動き"，"運動"，あるいは"変化"であった。磁石と導体の相対運動があると磁気から電気が発生し，これがないと磁気から電気は発生しない。

　今日のわれわれから見ると，アラゴの円盤は運動や変化がカギであることを教えているように見えるが，1831年のファラデー（Michael Faraday）の電磁誘導の法則の発見まで，このなぞは解かれなかった。ファラデーのこの発見に至るまでの道を次に見ていこう。

4. 電磁誘導の法則

　ファラデーの日記から，電磁誘導の法則は1831年8月29日の実験によって発見されたことがわかる。彼は図3.6のようなドーナツ形鉄心にコイル（電線）を二組巻いたものを使い，片方のコイル（コイルB）から線を伸ばして，この線の下に検流計として磁針を置いた。他方のコイル（コイルA）に電流を

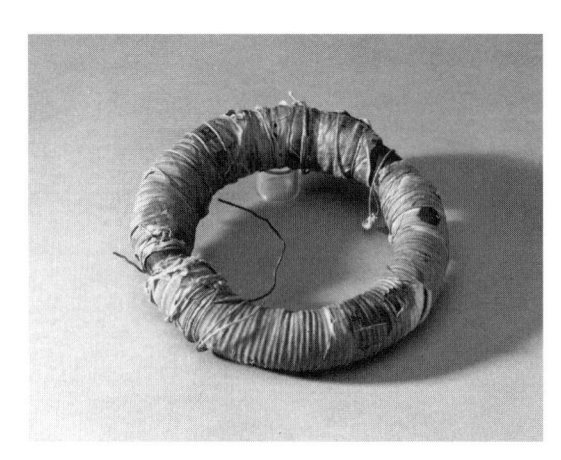

図3.6　ファラデーのドーナツ形鉄心に巻いたコイル

流そうとして電池を接続した瞬間に，磁針が振動した。逆に，コイルAにつないでおいた電池を切るときにも，磁針が振動した。カギは，電流の断続という"変化"であった。

ファラデーは9月24日に，鉄心に巻いたコイルを永久磁石の間に出し入れして，検流計が振れる（出すときと入れるときと，振れの向きは反対）ことを見い出した。10月17日には，紙筒に巻いたコイルの中に永久磁石を出し入れして，コイルに電流が生じることを確かめた。こうして，スタチックでなくダイナミックな関係で，磁気から電気を発生できることがわかったのである。これらファラデーの実験器具は，ファラデーが教授であったロンドンのロイヤル・インスティテューション（Royal Institution）で今日も見ることができる。

電磁誘導とは，"磁界の中を導体が運動すると（時間的に変化する磁界の中に導体が存在しても同じことである）電気が発生する"ことである。ファラデーの電磁誘導の法則は，発電機と変圧器の動作原理である。さらに，電動機の原理は，"電流の流れている導体が磁界中に存在すると，導体は力を受ける"ということであって，電磁誘導の法則の逆原理に基づく。電磁誘導の法則の逆原理は，"電磁誘導によって生じる電流は，磁界の変化を妨げる方向に流れる"というレンツの法則（1834年）[3]によって結ばれている。

ファラデーの電磁誘導の法則，逆原理，レンツの法則は，発電機と電動機が可逆であること（発電機は電動機としてもはたらき，電動機は発電機としてもはたらく）を示している。この可逆性は，後述のように，発電機・電動機という動力源としての電気機械の基本特性であって，熱機関などにはない大きな特長である。

発電機・電動機，変圧器を可能にしたファラデーの電磁誘導の法則の発見の意味はきわめて大きい。現在の電気文明はこの法則に基づいており，電気の全歴史における発明・発見のうちで，これがもっとも重要であると言って差し支えないだろう。

ファラデーとは独立に，米国でヘンリーが電磁誘導を発見した。コイルに流れる電流を断続したときに，そのコイル自体（並べて巻いてある別なコイルでなく）にも電気が発生する。これを自己誘導と呼ぶ。ヘンリーは自己誘導も発

見し，1832年にこれを発表した。ファラデーも自己誘導を発見したが，今日では，ヘンリーがこの法則の発見者であるとされている。

5. マイケル・ファラデー

ここで，ファラデーの生涯と業績を概観しよう。**図3.7**は彼の肖像である。マイケル・ファラデーは，1791年9月22日にロンドン南方のニューイントン村（Newington. 現在はロンドンに含まれる）で生まれた。父親は鍛冶屋であったが，体が弱く，早くに亡くなった。マイケルの受けた教育は，読み書き・計算を学校に通って習うことだけであった。彼はリボー（George Rebeau）の書籍販売兼製本店の徒弟になった。彼が製本した本が多数，今日も保存されている。製本のために入ってくる書物を読むことが知識のもとになった。やがてロンドンの哲学・科学関係協会の講演会を聴講するようになり，店の客の好意もあってロイヤル・インスティテューションのデービーの講演を聴くことができた。この講演を筆記して製本したものをデービーに届けて，ファラデーはロイヤル・インスティテューションに勤務したいという願いを書いた。しばらくして，彼はデービーの実験助手としてロイヤル・インスティテューションに採用された[4]。

デービーは夫人とともに，1813年10月から15年4月までヨーロッパ大陸に出かけた。デービーに随行したファラデーは，アンペールほか各国の一流の科学者たちの面識を得た。当時のヨーロッパはライプチヒの会戦からナポレオンの百日天下に至る時期であり，ナポレオンのフランスとイギリスとは敵国であったが，このような科学者たちの交流は行われた。

図3.7　ファラデー

デービー夫人がファラデーを下僕のように扱ったので，彼にとっては辛い旅であったらしい。しかし，この大陸旅行がその後の彼に大いに役立ったことは疑いない[5]。

1829年にデービー（1778年生）が亡くなり，ファラデーは後任のロイヤル・インスティテューション教授になった。それまでには，1821年の電流による回転運動の実験（後出）の発表をめぐって，ファラデーはデービーの不興を買い，ファラデーがロイヤル・ソサエティ会員に推薦されるのをデービーが妨げるというひとこまもあった。ファラデーに対する嫉妬心が働いたのであろう。

デービーは，化学・電気化学の研究をしたほか，アークをつけ，鉱山で使用する安全灯などの有用な発明をした。彼はロイヤル・ソサエティの会長を務め，同会のコプリー・メダルとランフォード・メダルの受賞者でもある。また，コールリッジやワーズワスといった文人との交友もあった。デービーは，イギリス社会におけるスターのひとりであり，ハンサムな彼のさっそうたる公開講演は，上流・中流の御婦人方の人気を博した。このあたり，質朴なファラデーとは好対照に見える。しかし，デービーの出身も中層以下（木彫り師の子であった）であり，父親が早く亡くなったことなど，共通点も多い。デービーから見て愛憎半ばであったとしても，ファラデーの成功がデービーに相当に負うていることも間違いない。"デービーの最大の業績はファラデーを発見したことである"という評は，当たっているであろう。

余人の及ばぬ大天才

ファラデー自身は，電気物理の基礎研究を行ったが，電磁現象の実用面にはあまり興味を持たなかった。彼は，物理学者というよりは化学者であった。

電気化学の分野では，1833年に電気分解の法則を発見し，また，負極，正極，負イオンと正イオンを，それぞれカソード，アノード，カチオン，アニオンと命名している。また，化学の応用の仕事も多くしている。産業革命の進行したイギリスでは，農民が土地を離れて都市に流入して労働者となり，その悲惨な生活が問題になっていた。消毒・殺菌，染色，漂白，印刷，皮革のなめし，

肥料などの工業，食品，医療，都市衛生，農業といった多くの分野で，化学の需要があった。ロンドンの主要な病院に化学者がスタッフとして勤務していた時代である。ロイヤル・インスティテューション教授であるデービーとファラデーには，上記の分野においてコンサルタントの役割が求められた。物理よりも化学にファラデーが注力したのは，時代の然らしめたところであると言えよう。

彼の静電気や放電の研究には，ファラデー・ケージ（静電しゃへい），誘電率，真空放電におけるファラデー暗部などがあった。静電容量やコンデンサの単位にファラド（F）を使うのは，ファラデーの誘電現象研究への貢献に由来するのである。dielectric（誘電体）という語の使用もファラデーによる。彼はまた，反磁性（diamagnetism）を発見し，paramagnetic, ferromagnetic といった語も彼から始まった。

数学の素養がなかったファラデーは，研究で得た知見を式で表現することをしなかったが，電気力線や磁力線で電界・磁界を描く物理像を持っていた。電界・磁界という場が電気力線や磁力線によって緊張状態にあるということがその核心であった。ゴム風船は丸いが，これに棒を押しつけると歪むようなものである。磁石の周りに砂鉄を巻いたときにできる模様が，この緊張を示していた。彼のこの物理像には，音響学からの類推もあった。ファラデーは，電気磁気，光や重力も，根本においてはひとつであると考えていた。

彼は偏光と磁界との関係について研究し，"ファラデー効果"を発見している（1845年）。光のスペクトルが磁界によって変わると考え，彼自身は実験でこれを検証するに至らなかったが，のち1896年にゼーマン（Zeeman）効果としてこれが証明された。さらにファラデーは，光とは電気力線・磁力線の変化であろうと推測した。今日では，光も電磁波であることがわかっている。のちにマクスウェルは電磁波の存在を偏微分方程式で示したが，ファラデーの推測はマクスウェルに先行した電磁波の予言であった。ファラデーの研究には何か地味なところがあるが，彼はやはり余人の及ばない大天才であった。

ファラデーは，1867年8月25日に亡くなった。飾り気のない墓が，ロンドンのハイゲート墓地（Highgate Cemetry）にある。

ファラデーのあと，マクスウェルによって，電子論以前のマクロな電磁気学が完成した．電磁気学は，19世紀の第4四半世紀から電磁波の発見，電子の発見，さらに20世紀の量子論に基づく物性理論へと展開していく．

6. ジョゼフ・ヘンリー

ここで米国のヘンリー（1797-1878）について述べておこう[6]．図3.8は彼の肖像である．電磁誘導の法則および自己誘導の法則の先取権をめぐって，ファラデーとヘンリーはライバルとなるめぐり合わせになった．

電磁誘導の法則の発見はヘンリーのほうが早かったようであるが，今日ではファラデーが発見者とされている．研究論文の発表には時間がかかり，しかも当時は大西洋を横断する通信には月日を要したから，このようなずれはときどき起きることであった．ヨーロッパから見ると米国はまだ発展途上国であったので，ヘンリーが割りを食った観がある．自己誘導の法則のほうは，ヘンリーの発見（1830年）とされている．自己誘導現象は電磁石や変圧器の原理として重要である．ヘンリーの名はコイルのインダクタンスの単位ヘンリー（H）に残されている．

電磁誘導・自己誘導の発見等の業績によって，ヘンリーはヨーロッパの学者世界でも有名になった．この意味で，彼はフランクリンに続く"二人目の文明化された米国人"であった．米国の科学者のトップというべき存在になったヘンリーは，1846年にスミソニアン協会（Smithsonian Institution）が設立されたときの初代総裁に就任した．

電磁石を研究したヘンリーは，電信機，リレー（継電器），ベル（電鈴）の発明者であると言うこともできる．しかし彼

図3.8 ヘンリー

は，もっぱら学理の研究に興味を持ち，電磁気の実用には関心がなかった。彼は，電気の知識のないモールスが電信機をつくるのを助けた。のちに，電信事業を始めたモールスは，電信発明の先取権がヘンリーにいってしまうのを危惧して，逆にお抱えメディアを使ってヘンリーに攻撃を仕掛け，法廷に引きずり出して発明先取権論争に巻き込んだ。米国の科学者のトップであるヘンリーを貶めようとしたのであるから，モールスがどんなにせっぱ詰っていたか推察できる。ヘンリーはどちらかといえば朴訥で質実な人であり，学問としての電気には関心があっても，その応用や事業化には興味がなかった。ヘンリーは単純に親切心でモールスを教えたのであるが，それが裏目に出たのは皮肉と言うほかない。

7. 電気回路とオームの法則

電気回路は電気技術の根幹である。回路学では，流れを扱うだけでなく，流れが循環して元の点に戻るという考えが基本にある。電気回路では，電流は（たとえどのように分流しようとも，結局は消失せずに），必ず元のところまで戻ってくる。

回路の概念はアンペールによって得られた。彼は電流が流れている実験装置について，検流計を電池のそばに置いて，導線のそばに置いたのと同じく振れることを確かめた。電池にも電流が流れていることがわかったのである。

"電流が電源の電圧に比例し，回路の（電源の内部抵抗も含む）電気抵抗に反比例する"というオームの法則は，回路学の基礎であり，中学校の理科でも教える。電圧があって，電流が流れる。その電流の大きさは電気抵抗によって決まるということは今日の立場から見れば当たり前であるが，この考えが成立するには，電圧や電流という概念が必要であった。電圧や電流に相当する quantity や intensity という語が使われたが，これらはあいまいであっただけでなく，逆にそれぞれ電流と電圧の意味に使われることもあった[7]。

1828年頃に米国のヘンリーは，電磁石のコイルの巻き数を増やすと吸引力が増大していくが，さらに巻き数を多くすると吸引力は増大しなくなり，つい

には低下することを経験した。彼はこの"ふしぎな"現象を説明できなかった。シュヴァイガーの増倍器（検流計）の巻き数を非常に多くしても感度がよくならない現象もあって，これもヘンリーの電磁石の巻き数と同じ問題であるが，当時の人々には不可解であった。現代の読者ならば，コイルの巻き数の増加につれて線の電気抵抗が増し，電流が減少するので，電磁石の能力や検流計の感度が低下するのだとすぐにわかるはずである。しかし，オームの法則によって（およびその受容過程で）電圧や電流という概念が定まるまでは，これは不可解な現象であった。

ゲオルク・ジモン・オーム

　ゲオルク・ジモン・オーム（Georg Simon Ohm）[8]は，1789年にドイツのエアランゲンで生まれた。図3.9は，ミュンヘン工科大学にある彼の座像である。彼の父親まで何代も錠前職人であったが，父親は数学や哲学が好きで，独学で学んだ知識を息子に教えた。オームはエアランゲン大学で哲学・数学・物理を学んだ。弟マルティン（Martin Ohm）は数学の能力に秀でており，のちにベ

図3.9　ミュンヘン工科大学にあるオームの座像

ルリン大学の数学教授になった。オームは，バンベルクとケルンで学校教師をし，ケルン時代にフーリエ（Jean Baptiste Joseph Fourier）らのフランスの数理科学に親しんだ。

オームは1826年から27年に，オームの法則に至る実験の報告をドイツの学術雑誌に発表した。1827年に刊行された著書『数学的に取り扱ったガルバーニの環』(*Galvanische Kette mathematisch bearbeitet*. ここで"ガルバーニの"とは"動電気の"あるいは"電流の"といった意味である）では，実験よりもその結果の解析を述べた。

彼は，この著作によって大学教授の職に就けると期待していたが，これは実現せず，長く不遇のままであった。1833年に，彼はニュールンベルクの工科学校の教授になることができた。死（1854年）の5年前の1849年に，ミュンヘン大学の物理・数学の教授に任命された。同大学の正教授になったのは，さらに3年後であった。

1826年にオームは，

$$X = a/(b+x)$$

という式で彼の法則を示した。今日の記法で回路図を書けば，**図3.10**のようになる。ここで，Xは（検流計で測った）磁気作用の強さ（すなわち電流），xは導体の長さ（すなわち電気抵抗），aは回路の起電力（電圧），bは回路における導体以外の部分の電気抵抗である。

オームは，xを変えるのに，同じ線で長さだけ違うものをいくつも使った。電源として当初は電池を用いたが，電流を流すとすぐに電圧が低下してしまうので，実験はうまく進まなかった。彼はポッゲンドルフ（Poggendorff）の助言に従って，熱起電力（1822年にゼーベック［Thomas Johann Seebec］が発見）を電源にし，回路の各部分にかかる電圧は検電器で測定した。オームの法則は，このような入念な実験の結果として得られた。

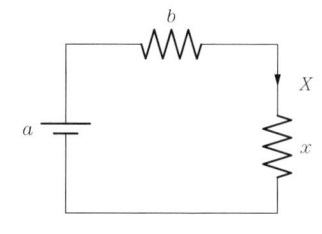

図3.10　オームの法則の回路図

オームの法則の受容

　ドイツにおいてオームの研究の評価が非常に遅れたとも言われる。科学史家カネヴァ（Kenneth L. Caneva）[9]は，オームの不遇の原因として，静電気になじんだ既成の学者にとってオームの研究が異質に感じられたこと，ドイツの物理学者に世代の断絶があって，オームは年齢からすれば古い世代に近かったことを挙げている。カネヴァは，新しい世代の指導的物理学者によるオームの法則の受容は遅くはなかったとしている。古い世代は現象の観察と定性的記述に終始し，経験則を数学を使って表すことにも興味がなかった。彼らと比較して，新しい世代は演繹・定量化・抽象化に重点を置き，数理物理的手法をとった。

　オームはフーリエの熱学に学んで，電池と抵抗線からなる回路には一方向への一定量の連続した流れ（高いところから低いところへ）があると考えた。そこでは，電気は流れとして抽象化された。このような考え方は，静電気や磁気の吸引・反発，電気と磁気の相互作用といった，両極対立の図式で思考してきた旧世代の学者になじまなかった[10]。彼らは，電池さえも，正の電気が正極から，負の電気が負極から出てくるとする二元論で考えていた。数式による解析中心の『数学的に取り扱ったガルバーニの環』を彼らが評価しなかったのはむしろ自然であった。

　オームの法則は，ドイツでは1830年代初めには引用されるようになった。イギリスとフランスでは，30年代末から40年代初めまでオームの法則の重要性が気づかれなかった。米国のヘンリーは，ベーチ（Alexander Dallas Bache）への1834年12月17日付の手紙で，「オームのすばらしい理論というのは何ですか。何か知っていたら教えて下さい。彼の論文を読みたいと切望していますが，どこを見たらありますか？」と書いている[11]。イギリスのホイートストン（Charles Wheatstone. 1802-75）は，オームの法則を比較的早くから認めていた。1841年にはオームの著書が英訳され，ロイヤル・ソサエティはオームにコプリー・メダルを授与した。

　机の上でできる規模の電気の実験ならば，電源（電池）から線を接続していって，最後に電源まで戻る（これを現場用語で"リターン"という）結線をす

るのは容易である。しかし，電線を長距離にわたって延ばしたり，分岐があったりすると，結線の作業，確認，故障箇所発見などは相当に困難になる。リターンを確保するコストも非常に大きくなる。後述の電信線の場合は，ちょうどこれに該当する。電信の最先進国であるイギリスがオームにコプリー・メダルを授与したのは，オームの法則が実際に役立つことが理解されたからであろう。オームの法則は，力学における万有引力の法則のように重要であると言われる[12]。

　電気の実際の応用では，電源1つと負荷（電気を消費する器具や装置）1つだけという場合はほとんどない。電話，家庭の照明配線，送配電線，電気鉄道，交通信号，自動車内の配線，電子回路の配線など，どれをとっても分岐のある複雑な網状の回路である。網状の電気回路については，1847年にドイツのキルヒホッフ（Gustav Robert Kirchhoff. 1824-87）が，その計算の方法としてキルヒホッフの法則を発見した。これも，電気工学の学徒にはなじみ深い法則である。

クイズ——電気史上のなぞ

　電気の理論と技術のディテールになるが，なぞというかクイズを出してみよう。
　電源には，**下図**のように，必ず内部抵抗rがある。電気学の教えるところでは，このrと負荷抵抗Rとが等しい（$r=R$）ときに，Rで利用できる電力はもっとも大きい。rがこれより大きくても小さくても，利用電力は減少する。ところが，今日のプラクティスでは，rをこの条件よりずっと小さくする。"電源の内部抵抗をつとめて小さくする"のが，電気技術の常識である。電力の利用率を悪くしているわけだ。Why?

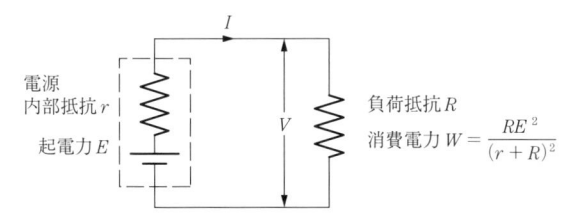

電源
内部抵抗r
起電力E

負荷抵抗R
消費電力 $W = \dfrac{RE^2}{(r+R)^2}$

　電源の電流供給能力が，答のカギである。上記の最大電力の条件は，電源が無限の大きさの電流まで供給できるという条件の下で成り立つ。だが，現実の電源の電流供給能力は有限である。もし，rを小さくしてある電源に$r=R$を満たす負荷抵抗を接続すると，短絡同然になって電源は壊れてしまう。
　たとえば，マンガン乾電池（電圧は約1.5ボルト）の内部抵抗は，新品ならば0.1オームよりもずっと小さい。これを0.1オームと仮定して，$r=R$でよいならば負荷抵抗は0.1オームで，7.5アンペアの電流が流れる。親指程度の電池が1.5ボルト×7.5アンペア＝11.25ワットの電力を発生して，その半分の5.625ワットを負荷抵抗に供給できることになる。しかし，現実にはこんなことをすれば電池はすぐ劣化してしまう。マンガン乾電池の内部抵抗が0.1オーム以下であることと，$r=R$条件まで電流を流せるかどうかとは別問題である。
　電気工学系の読者は，できたでしょうか？
　また，もし電池がこれだけの電力を供給できるならば，電池自体にも5.625ワットの発熱が生じる。小さな電池でこれくらいの発熱があると，火災事故につながるおそれもある。電力系統の場合ならば，100万キロワットの電力を供給する発電機の内部で100万キロワットの発熱があることになるから，発電機は焼損し

てしまうであろう。現実に，電池の能力が向上してきて，このような事故が起きている。

この問題は，19世紀後半の電力技術の初期にはふしぎななぞであった。もし $r=R$ 理論に従えば，電気設備を建設するときには相当に大きな内部抵抗を持つ発電機を使うことになる。そうすると電圧変動率が大きくなるから，実際にはそれでは使いものにならなかった。

この問題は，一種のパラドクスである。第4章で述べる電動機における逆起電力も，同様である。

時代はさかのぼって，アラゴの円盤も大きななぞであった。

回路の電流が電池にも流れていることを検流計で確認したアンペールの実験も，静電気の思考に慣れていた当時の学者たちを驚かせたに違いない。彼らは，電池の正極から正の電気，負極から負の電気が流れると信じていた。向きと極性を考えればアンペールの結論と同じことなのであるが，彼らにとっては電池の中を一方向に電流が流れているとは理解しにくかった。

発電機をまわしておいて，これにもう一台の発電機を接続するとまわりだす（電動機として使える）ということも，多くの人々にとってはふしぎであった。ヴィーン博覧会（後述）でフォンテーヌとグラムは，人々の驚きを計算してデモンストレーションしたはずである。

交流発電機の同期運転（2台の発電機を並列に接続すると，同一周波数になるように回転する）も，発見されたときには大変にふしぎに思えたに違いない。

もっと簡単なことでは，発電機・電動機をスタートさせると，交流で電灯をつけた場所であると巻線の縞模様が逆回転しているように見えることがある。この現象がストロボ作用であることは考えればわかることであるが，現場ではギョッとしたらしく，電気技術史上の文献にも出てくる。

交流送電線が長距離になると，受電側の電圧が送電側の電圧よりも高くなる現象が発見された。いわゆるフェランティ効果である。長い電線のインダクタンスと対地静電容量で共振が起きるのである。直流になじんでいた当時の技術者たちは，何度これを説明されてもわからず，「交流はえたいの知れないものだ」という思いを強めたに違いない。

こういうなぞやパラドックスを見ると，電気技術の何らかの飛躍があったときに，あるいは飛躍を行うときに，これらが現れたことがわかる。それゆえ，こういうなぞやパラドックスを考えることは電気技術の習得に役立つ。まだまだ例はあるが，その紹介は技術書を書くときのためにとっておこう。

第4章

発電機と電動機

　今日から見ると，電磁誘導の発見から実用的な発電機や電動機の発明まではわずかの距離しかないように思えるが，ことはそう簡単には進まなかった。本章では，この歩みを見ていこう。

1. ピキシの発電機

　ファラデーの電磁誘導の法則発見の翌年である 1832 年には，ピキシが世界最初の発電機をつくった。これは手回し式で，ハンドルをまわすと馬蹄形の永久磁石が電磁石の前で回転するようになっており，水を電気分解する実験などのための器械であった。当初は出力は交流であったが，アンペールがパリ・アカデミーで報告したピキシ発電機では，簡単な整流装置を連動させて直流を出力できるようになっていた。ドイツのミュンヘンにあるドイツ博物館と，米国ワシントン DC にあるスミソニアン国立アメリカ歴史博物館にピキシ発電機が現存する。電気史上で第一と言うべき貴重な記念物である。**図 4.1** は，ドイツ博物館に展示されているピキシ発電機である。市川市の千葉県立現代産業科学館に実物大のレプリカがあるので，一見をおすすめしたい。

　ピキシ一族はパリで実験機械器具製造業を営み，とくにアンペールの求めに応じて電気実験のための機械器具をつくった。19 世紀の電気学を含む物理学

の進歩には，学者と密接に協力した実験機械器具製造業者の寄与も大きかった。アンペールに対するピキシ，フーコー (Jean Bernard Léon Foucault. うず電流の発見で知られる) に対するフロマン (G. Froment. ピキシに続いて手回し磁石発電機を製作した) はその例である。彼らのような科学器具製造家なしには，重要な発明発見はできなかったことであろう。

イギリスでは，17世紀中葉からアマチュアやディレッタントであるコレクター（これらの人々をヴァーチュオーソと呼んだ）による美術，骨董，科学の収集が流行した。多数のヴァーチュオーソが顕微鏡，望遠鏡，気圧計，温度計などの科学器具を買い求めたおかげで，ロンドンの科学器具製造業は質量ともに著しく向上した。

図4.1 ドイツ博物館にあるピキシ発電機

この技術がフランスにも伝わって，パリにはすぐれた製造家が現れた。ピキシやフロマンのほか，発電機のグラム，発電機・電信機のブレゲ (Louis Francois Clerment Breguet Antoine. スイスのヌシャテルを本拠地とした時計師．ブレゲ社は，のち航空機も製造した)，誘導コイルのリュームコルフ (Heinrich Daniel Rühmkorff)，アーク灯のデュボスク（Jules Duboscq）らがその例である。

ロンドンには，クラーク（Edward Marmaduke Clarke. 発電機ほか），ヴァーリ（Varley），ワトキンス（Francis Watkins）らがいた[1]。スタージャンのように巡回実験講演師として公開講演を職業とする人たちもいて，彼ら自身も実験器械を製作した。初期の電気器械は，静電気器械も，電池も，発電機・電磁石・誘導コイルも，このような公開実験用につくられたのである。

磁石発電機

　発電機は，図 4.2 のように，磁界をつくっておいて（これを"界磁"と呼ぶ）その中でコイル（ふつうは鉄心に巻いたコイルで，このコイルと鉄心を併せて"電機子"と呼ぶ）を回転させて電気を発生する。界磁には，永久磁石でなく電磁石を使うこともある。永久磁石を使う発電機を"磁石発電機"（マグネトー）と呼ぶ。電機子を固定して，界磁のほうを回転させてもよい。

　ピキシの発電機では永久磁石を回転させたが，1833 年にロンドンのロイヤル・ソサエティで発表されたリッチー（William Ritchie）の発電機は，電機子を回転させた。永久磁石と手回し電機子を使った発電機として，サクストン（Joseph Saxton. 米国. 1833 年），E. M. クラーク（1838 年），シュテーラ（Emil Stöhrer. ドイツ. 1840 年代）のものがあった。図 4.3 にクラークの発電機を示す。1840 年代初めには発電機の界磁に電磁石を使うことが多くなった。初期の発電機は，水に電流を通じて電気分解して泡が出るのを見せたり，人体にシ

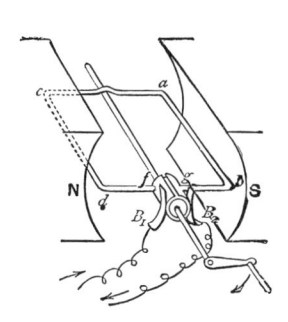

図 4.2　発電機・電動機の原理。磁界の中でコイルをまわしてやると，発電して矢印の向きに電流が流れる。電動機として動作させるには，矢印の向きに電流を流してやると，ハンドルを図中の向きとは反対にまわすようなトルクが生じて電動機として動作する。

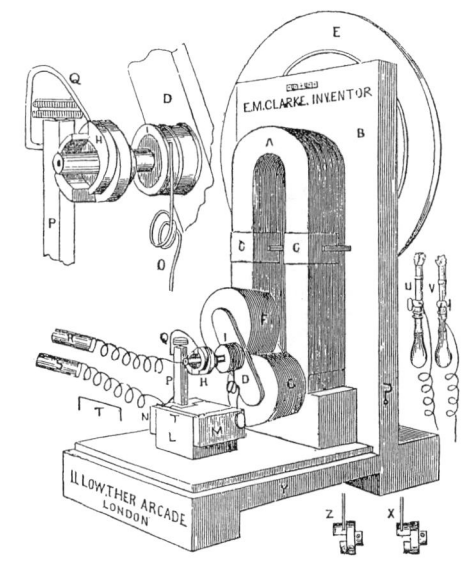

図 4.3　クラークの発電機

ョックを与えたりするための（"shocking machine"と呼ばれた）デモ実験機械であった。

　実験器械であった磁石発電機も，1840年頃から蒸気機関でまわして電気分解やメッキといった実用に使うようになった．42年には，イギリスのウルリッチ（John Stephen Woolrich）が金属の電解精錬の特許を取っている．磁石発電機は灯台にも使われた．酸水素炎の中で石灰を白熱させると生じる強烈な石灰光（ライムライト．ちなみに，チャップリンの映画『ライムライト』は舞台照明用のライムライトのことである）が生じる．

　フランスのノレ（Florise Nollet）は，ライムライトを灯台の光源にしようと考え，磁石発電機を電源として水の電気分解で酸素と水素を得ようとした．

　ノレの企図はイギリスのホームズ（Frederick Hale Holmes）によって引き継がれた．灯台の整備・増力は，当時のイギリスにとって重要な課題であった．ホームズは蒸気機関駆動の磁石発電機の特許を取り，1862年にはこれでダンジネスのサウス・フォアランド灯台にアーク灯をつけた．以後，灯台のアーク灯化が進んだ．図4.4は，ノレ＝ホームズ系のアリアンス（Alliance）型発電機である．これは大きな永久磁石を多数使ったもので，大型で重いわりには出

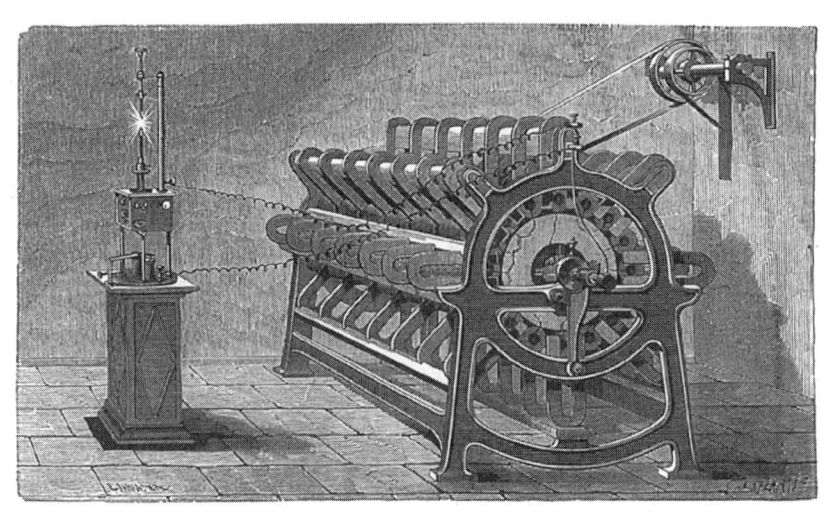

図4.4　アリアンス磁石発電機とアーク灯

力電力は小さかった。永久磁石を使う発電機はこのような欠点があるので，大電力を発生する目的には適さなかった。

2. 自励発電機の発明と発電機の実用化

　発電機の実用化の歩みは，年代としては電信の発達のあとであるが，内容の継続性を優先して，発電機と電動機の進歩までを続けて述べよう。

　大出力の実用発電機をつくるには，界磁を永久磁石でなく電磁石にする必要があった。初期には界磁の電磁石の電源には電池を用いていたが，大型の発電機には大きな電池が必要となり，そのコストが実用上の難点になる。そこで，界磁の電源用に小型の発電機を設備することが考えられた。これは今日の用語で言えば他励発電機と励磁用発電機の採用であって，大電流を供給する発電機を実現するための大きな進歩であった。親亀の上の子亀のように，励磁用小発電機が乗っている二階建ての発電機もつくられた。**図 4.5** は，このようなワイルド（Henry Wilde）の 1866 年の発電機である。しかし，小さいほうの発電機の界磁用に，まだ永久磁石か電池が必要であった。

　界磁の電磁石に電流を流して磁界をつくることを励磁という。励磁に他の発電機や電池を使うのでなく，発電機自体で発生した電流の一部を使う方法が自己励磁法（自励法）である。

　この方法によれば，電池も永久磁石も不要なのでよいように見えるが，始動（スタート）に難点があるとも考えられる。発電機が停止しているときは電流は発生しないから，界磁に電流は流れない。したがって，いくら電機子をまわしてやっても電気は生じないはずである。

　ところが，じつはうまく始動するのである。界磁の電磁石鉄心には軟鉄を使うが，軟鉄であっても一度磁石にくっついたりすると，磁石を取り除いたあとでも弱いながら少しの磁気を帯びたままになる。これを残留磁気という。鉄釘と永久磁石で実験したあとに，釘に弱い磁気が残るのも，残留磁気である。界磁の電磁石鉄心の残留磁気によってわずかながら電流が発生し，その一部が界磁の電磁石に流れてその磁気が強くなり，発生電流が大きくなって界磁の励磁

図4.5 励磁用小発電機を乗せたワイルドの発電機

がさらに増強され……というふうにしてフル運転に到達する。これを残留磁気による電圧確立という。残留磁気については，1833年にイギリスのリッチー (W. Ritchie) およびワトキンスの報告がある。

　発電機の自励法は，1866年から67年にかけて発明された。発明者として，イギリスのワイルド，ホイートストン，ヴァーリ (Cornelius Varley と息子の Samuel Alfred Varley)，米国のファーマー (Moses G. Farmer) らが挙げられる。これよりも早くデンマークのヨルト (Sjoren Hjorth)，ハンガリーのイェードリク (Ányos Jedrik) が自励の原理を発見していたという説もあり，さらにカラン (Nicholas Joseph Callan. 1799–1864. アイルランド)，ロック (John Locke. 米国) の名も挙げられる[2]。しかし，残留磁気による電圧確立を利用する自励発電機を実用化したという点で，ドイツのヴェルナー・フォン・シー

メンス（Werner von Siemens. 1816-92）の功績をいちばんとすべきであろう。彼の肖像を図4.6に示す。発電機の自励法発明は，電気技術史上で非常に重要である。自励発電機の登場によって，電池に頼らないで大電力の電源が確保できるようになり，送配電網による電力の大規模利用への道が拓かれた。

また，いくらでも大きい出力の発電機——これを駆動する無限に大きい原動機があり，軸受が耐えるといった問題がクリアできるならば——が可能になった。発電機は（電動機や変圧器も），小さい

図4.6　ヴェルナー・フォン・シーメンス

ものから大きいものまで同一の原理で働く。それだけでなく，発電機・電動機・変圧器といった電気機械は，真空中でも低温でも動作し，しかも効率が高い。これらは特筆すべきことであって，熱機関（蒸気機関や内燃機関）にはこのような特長はない。この点は，機械技術等と比較したときの電気技術の特質である。電気でエネルギーを供給している現代社会は，こういった電気機械の存在によって可能なのである。

実用化への歩み

発電機が実用期に入ると，出力や効率を増大するために，とくに電機子を工夫するようになった。ヴェルナー・フォン・シーメンスは，1856年頃に，電機子のコイルが強磁界の中で回転することの重要性を認識し，糸巻形の鉄心にコイルを巻くシャトル電機子を使用した。これは，鉄心の断面形状からH型とか複T型と呼ばれることもある。図4.7はその説明である。

イタリアのピサ大学物理学教授パチノッティ（Antonio Pacinotti）が，図4.8のように円環形の鉄心にコイルを巻く環状電機子を1859年に考案した。この電機子では，巻線（コイル）が閉回路をなしていて，脈流の少ない完全に

近い直流出力電圧が得られる。グラム（Zénobe Théophile Gramme. 1826-1901）[3]は，環状電機子を使った発電機を1869年に製造した。彼はベルギー生まれでパリで仕事をした人である。技術史家マール（Otto Mahr）は，著書『ダイナモの誕生の歴史』(*Die Entstehung der Dynamomaschine*, 1941年）で，1865年にパチノッティがフランスのフロマン社を訪ねたときにおそらく環状電機子について話し，これが同社の工場長であったグラムに伝わったと推定している[4]。グラム機は，実用発電機として広く使われ，電灯照明と電力輸送実現の基礎をつくった。グラム機タイプ"A"を，図4.9に示す。

図4.7　シャトル電機子の鉄心

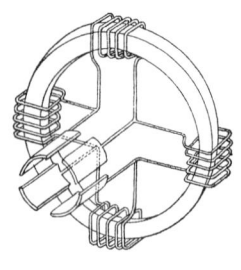

図4.8　環状電機子

シーメンス社のアルテネク（Hefner von Alteneck）は，1872年に鼓状電機子を考案した。これを図4.10に示す。環状電機子では，コイルの内側の部分は発電に寄与しない。これに比べて，鼓状電機子は鉄心の円筒表面にコイルを置くので，ずっと合理的である。今日の直流発電機（直流電動機も）では，鼓

図4.9　グラム機タイプ"A"

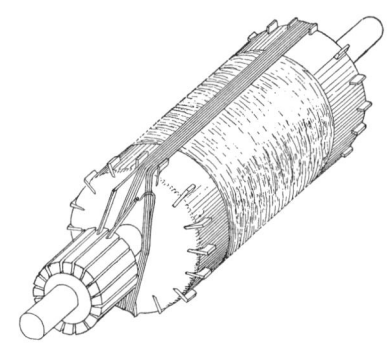

図4.10　鼓状電機子の説明

状電機子が基本になっている。しかし，環状電機子も相当に後年まで使用された。それは，環状電機子では，鉄線を巻いて鉄心とすれば，うず電流による損失（後述）を避けられる利点があったからであろう。

ここで，"ダイナモ"という語について説明しておこう。ダイナモとは第一義としては，電磁石を界磁に使う発電機のことである。磁石発電機（マグネトー，永久磁石を使った発電機）は，この意味のダイナモとは反対語である。ドイツ語圏では，ヴェルナー・フォン・シーメンスが発見した自己励磁（残留磁気による電圧確立も含む）をダイナモ原理と呼ぶ。また，ダイナモを広義に発電機と電動機を総称して使うこともある。さらに，ダイナモ・メータの場合のように，電気によって発生する動力という意味で使われる場合もある。つまるところ，ダイナモという語も歴史の産物であって，電気機械の発達につれて意味が変化し，拡大してきたのである。

3. 電動機の登場

今日のわれわれは，発電機と電動機は同一物で，動力で駆動すれば発電機としてはたらいて電気を発生し，電流を流せば電動機としてはたらいてトルクを発生することを知っている（図4.2で，電機子に逆方向に電流を流してやると，ハンドルがまわる．すなわち，電動機として動作する）。それゆえ，発電機の発明とともに電動機も登場したように思われるが，それは歴史上の事実と違う。発電機と電動機が可逆であって，電磁誘導の法則に基づき同じ原理で動作するということが広く知られるまでは，電動機の発達の歩みは発電機とは別な道をたどった。以下，その道のりを述べよう。

1821年にファラデーは，図4.11のような装置をつくった。水銀の中に磁石の棒と導体を浸して，電流が導体・水銀・磁石を通って流れるようにしておくと，磁石か導体のどちらかが回転する。電流による回転運動を実現したこの装置は，電動機の最初とも言える。23年には，イギリスのバーロー（Peter Barlow）が"バーローの輪"をつくり，電磁力による回転運動を実現した。これらやアラゴの円盤は，電磁力による回転運動をつくったので，電動機の原初と

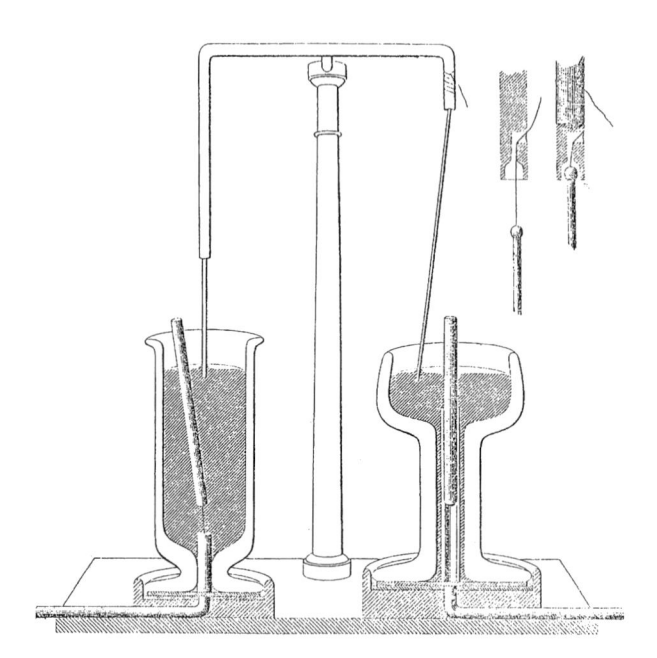

図4.11　ファラデーの電磁回転の実験

言える。しかし，これらは物理現象のデモ機械であって，回転力を外に取り出して利用することは考えておらず，その後の電動機の発達に直接にはつながらなかった。

　電磁現象から動力を取り出す試みとしては，まず，シーソーのような棒の両端に電磁石を置いて上下に往復運動をさせる機械がつくられ，これを回転運動に変えるエンジンも製作された。1831年にヘンリー，32年にダル・ネグロ（Salvatore dal Negro. イタリア）がこの形のエンジンをつくっている。このような電磁石の吸引力から動力をつくりだす電動機は，当時の原動機の主流であった蒸気機関の影響を受けていたと考えられ，名称もモータでなく電磁エンジン（electromagnetic engine）と呼ばれた。**図 4.12** はその例である。

　今日の電動機のような回転式電動機は，1834年頃に出現した。スタージャンも整流子（ピキシの発電機の整流子と同じ構造）をそなえた回転式電動機をつくった。彼が後年に主張したように，これが1832年製作であれば，世界最

図 4.12　往復式電磁エンジン

初の回転式電動機ということになる。

　ヤコビは 1835 年にパリ・アカデミーで発表した論文で，回転式電動機について述べた。これが『スタージャンの電気・磁気年報』（Sturgeon's *Annals of Electricity*）に 1837 年に翻訳掲載され，イギリスでも注目を集めた。この論文は，オームの法則を使っている点でも重要である。ヤコビはドイツ人であるが，ロシア皇帝から援助を受けてロシアで仕事をした。これが電気技術研究に対する世界最初の政府補助であるとも言われている。ヤコビの電動機は，**図 4.13** に見るように，電磁石の吸引と反発を交互に利用して回転運動をつくっていた。1837 年のダベンポート（Thomas Davenport. 米国）も回転式電動機をつくった[5]。

高まる電動機への期待

　多くの人々がヤコビの論文に注目したのは，電動機が蒸気機関にとって代わると期待したからである。蒸気機関は石炭庫とボイラーを必要とし，ピストンとクランクで往復運動を回転運動に変換するが，たいして回転数を上げられない。往復式でない高速回転蒸気エンジンをつくる夢は早くからあったが，実現できなかった。これに比較して，電動機は場所をとらず，大きな振動がなく，

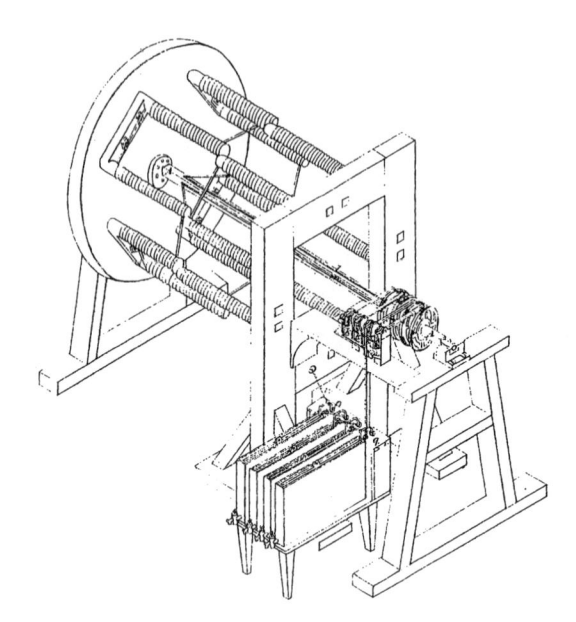

図 4.13 ヤコビの電動機

煙も灰もすすも出さずにきれいであり，回転数に制限がないように見えた。回転数が無限に近いことは，無限に近い出力が得られるということである。

さらに，次のような"なぞ"もあった。電動機に流れる電流は，静止状態で電機子に電圧をかけたときに流れる電流よりもずっと小さい。電動機は力を出すのに，電流は小さいというパラドクスである。静止状態よりも回転時のほうが電流は小さいから，いわばタダで回っているように見えた。"回転力を無限にタダで使える"と期待されたのである。古くからの永久機関への夢もあって，理想のエンジンである電動機への期待感が高まった。

このパラドクスは，のちに"逆起電力"の概念を使って説明できるようになった。すなわち，電動機の回転数が上昇するにつれて，電機子コイルに発生する逆起電力（その発生原理は発電機の起電力と同じである）が増大するので，静止状態よりも電機子に流れる電流は小さいのである。電動機が仕事をすると電機子に流れる電流は増加するから，タダで回転力を利用できるわけではない。当時は逆起電力の概念はほとんど知られておらず，エネルギー保存の法則も発

見されていなかったから，電動機に夢のような期待を持つのも不自然ではなかった．以下に見るように，逆起電力の概念も，エネルギー保存の法則も，このような電動機への期待を否定しつつ形成されたのである．

往復式電動機の頃から，実際にこれを動力として利用する試みがあったが，回転式電動機は小規模ながら印刷機械などに使われた．

ダベンポートは鍛冶屋で，電動機をドリルなどの工作機械に利用しようとした．満足な発電機がない時代には，電源として電池を使用するほかなく，電動機を動かせるほど大きい電池は高くついた．それでも，ヤコビは1838年にペテルブルクのネヴァ河で人の乗ったボートを電動機駆動し，また，スコットランドのダビッドソン（Robert Davidson）は1842年に台車に電動機をつけて鉄道線路で実際に試走している．米国のページ（Charles Grafton Page）も連邦議会の補助金を得て，往復ビーム式電動機をつけた車両を1851年にボルチモア・オハイオ鉄道で試走した[6]．

コストの高い電池を電源としてまで電動機応用が試みられたのは，タダに近い費用で運転できるという期待があったからである．しかし，次に述べるように，これが夢想にすぎないことが数年のうちにわかってきた．

4. ジュールと電気エネルギー

ジュール（1818-89）は，1842年に『スタージャンの電気・磁気年報』に書いた論文で，電機子に生じる逆起電力が電機子の回転数と界磁の磁界に比例することを明らかにした[7]．逆起電力はレンツの法則や発電機と電動機の可逆性からすれば自然な概念であるが，これを明確に述べたジュールの功績は大きい．ヤコビは，35年にすでに逆起電力に気づいていた[8]．ジュールは動力の損失と発熱の関係を研究して，電線からの発熱が電流の二乗に比例し，かつ抵抗値に比例するという，"ジュールの法則" を40年に述べた．41年には，電動機をはたらかせる電池の亜鉛板（電池を長く使うと，負極材料の亜鉛板が劣化腐食する）のコストについて論じ，電動機は性能が300倍か350倍にならないと，往復式蒸気機関に競合できないと述べた．

こうして，タダで仕事をする高速回転の電動機が蒸気機関にとって代わるという大きな期待は，はかない夢に終った。

電動機が広く利用されるようになるには，電池以外の安価な大電流電源が必要であった。1860年代になってから，自励発電機の発明によりこれが実現し，一時停止していた電動機の利用の拡大が再開した[9]。

動力による仕事損失と熱を統一して考えるジュール説の形成は，電動機の実用化の一過程でもあった。磁石発電機は，磁気を電気に変える機械（magneto-electric machine）と考えられてきたが，ジュールは，これは機械力を電気に変換する機械であるとした。こうして発生した電気（電圧と電流の積）が結局は熱となり，この熱は当初の機械エネルギーと等価であることを，彼は明らかにしたのである。**図4.14**は，彼の肖像である。

図4.14　ジュール

5. 発電機と電動機の可逆性

ここで，発電機と電動機の可逆性についてあらためて説明しておこう。電動機のトルクの根源は，電流の流れている線を磁界中に置くと，線を押しやる力（その方向は，電流の方向と磁界の方向の両方に垂直である）が生じるという原理である（図4.2参照）。これは，磁界中で運動する電子が受ける"ローレンツ力"と同じである。ローレンツ力は，発電機の原理とは逆原理であって（前者を"フレミングの左手の法則"，後者を"フレミングの右手の法則"で説明することがある），両者は可逆関係にある。すなわち，電動機と発電機は可

逆であって，電動機は発電機として使うことができ，逆も可能である（なお，マイクロホンとスピーカが可逆であるのも，まったく同じことであり，後述のベルの電話機ではこれを利用していた）。

電動機が駆動している負荷の回転数が電動機の回転数を上まわると，可逆性の原理により，電動機が発電機として作用して電力を発生する。これは，"発電制動・回生制動"（制動とはブレーキのこと）として電気鉄道で利用されている。このような可逆性は，他の動力機械にはない。電動機と発電機の可逆性は，電気技術がほとんど万能のように何でもできる理由のひとつである。

自励発電機が発明され，発電機との可逆性が広く認識されてから，電動機の利用が本格化した。この可逆性は，1830年代後半には，一部では知られていたようである。ジュールは1845年に磁石発電機を電動機としても運転している。パチノッティが63年に発電機としても電動機としてもはたらかせる機械をつくったという説もある。ヴェルナー・シーメンスは，72年に弟カール・シーメンス（Carl Siemens）への手紙の中でこの可逆性を指摘している。

1873年のヴィーン博覧会で，フランスのフォンテーヌ（Hippolyte Fontaine）とグラムが偶然にこの可逆性を見い出したという説もあるが，これは間違いである。発電機と電動機を別な場所に置いて接続したこの実験では，フォンテーヌらが可逆性を知っていて，発電機を電動機として利用したのである。この実験は，約555ヤード（507メートル）という短距離ながら，電力輸送（後述）の最初のデモとみなすことができる[10]。この例のように，グラムの発電機はそのまま電動機として使われた。この頃から電動機は発電機と並行して発達し，今日のような形の電動機が実用にされた。

6. 発電機・電動機の進歩

発電機・電動機は，1880年代に著しく進歩した。この期間は，白熱電灯照明のための配電事業の開始から，三相交流による長距離送電の実現に至る過程であり，1881年の第1回パリ国際電気博覧会から，翌年のミュンヘン国際電気博覧会を経て，91年のフランクフルト・アム・マイン国際電気博覧会まで

の時期でもあった。1880年代は電力技術の成立に決定的な10年間であった。この10年間に，発電機・電動機の合理的な設計にとくに寄与した人物として，ホプキンソン（John Hopkinson. 1849–98），モーディ（W. M. Mordey. イギリス），カップ（Gisbert Kapp. 1852–1928. ドイツ人で，イギリスでも長く仕事をし，ドイツ電気学会機関誌 *Elektrotechnische Zeitschrift* の編集長も務めた），C. E. L. ブラウン（Charles Eugène Lancelot Brown. 1863–1924. スイス），クロンプトン（Rookes Evelyn Bell Crompton. イギリス）らが挙げられる。

この時期に，電気供給事業に直流・交流のどちらを用いるべきかという論争（Battle of the Systems）が起きた。1880年代後半から90年代前半にかけて論議が盛んに行われ，第6章に述べるように交流技術の定着へと進むのである。

今日の電気機器につながる重要な原理として次がある。分巻，直巻，複巻といった界磁巻線と電機子巻線との関係，磁路，磁気回路，磁気抵抗といった概念，積層鉄心の採用，逆起電力の概念，電機子反作用および整流子・ブラシ間のひどい火花の原因の認識。こういった原理を解明する電気機械学は，当時の電気技術の主流部門であり，花形であった。電気機械学の形成過程については欧米でも論考が少ないので，以下これについて見ておこう。

電気機械学の形成

電機子巻線と界磁巻線との接続には直巻と分巻があるが，直巻と分巻を併用する複巻を考えた最初が誰であったかは決めがたい。1870年代から始まって，数ヶ国の技術者たちが考えていたようである。"compound winding"（複巻）という語は，1883年にクロンプトンとカップが使った。

発電機・電動機の動作原理においてもっとも重要なのは，電流が流れる導体を強磁界の中に置くことである。発電機の起電力や電動機のトルクは，電機子巻線が単位時間に磁力線を横切る数に比例する。電機子に鉄心があると電機子巻線の場所の磁界を強め，磁力線の数を増すので，起電力や電動機のトルクが大きくなる。電機子鉄心は，磁気抵抗を減らして閉じた磁気回路を形成するために必要なのである。1884年のトンプソンの『ダイナモ・エレクトリック・マシナリー』は，発電機の起電力が単位時間にコイルが横切る（cut）磁力線

の数に比例することを明瞭に説明している。

　強磁界をいかにつくるかが，発電機・電動機の設計において非常に重要である。1880年代にホプキンソン（John Hopkinson）が主張した磁気回路の概念が，この設計に革新をもたらした。今日になってみると，閉磁路（閉じた磁気回路ができていること）の概念は1830年代以来，リッチー，スタージャン，ドーフェ（Heinrich Wilhem Dove．ドイツ），ド・ラ・リヴ（Arthur–Auguste de La Rive．スイス），ファラデー，ジュールらが考えていたことがわかっている。

　起磁力や磁気コンダクタンス（磁気抵抗の逆数）という語はやや新しく，ウィリアム・トムソン（William Thomson．1824–1907．1892年にケルビン卿となる）やマクスウェル（James Clark Maxwell．1831–79）によって使われた。起磁力を電圧，磁気抵抗を電気抵抗，磁束を電流に置き換えると，電気回路とまったく同じ形のオームの法則が成立する。これを磁気回路のオームの法則と呼ぶ。磁気回路のオームの法則は，米国のローランド（Henry Augustus Rowland）によって1873年に定式化されている。

　ホプキンソンは，磁気回路の考え方を発電機・電動機の設計に積極的に導入した。彼は界磁の電流を変えたときの磁界（磁束）変化の曲線を，界磁鉄心，界磁と電機子間の空気ギャップ，電機子鉄心の磁気抵抗曲線（磁化曲線）の直列合成として求め，これを特性曲線と呼んだ。1886年にホプキンソンの論文 "Dynamo–electric machinery" が『フィロゾフィカル・トランザクションズ』に掲載された[11]。磁気回路の概念を用いて特性曲線の計算法を述べたこの論文は，電気機械学成立の里程標と言うべき業績である。こういった理論の面では，さらにカップ[12]らの貢献があり，今日のような電気機械学が形成されるのである。

電気機械製造業の成立

　電気技術の歴史を大づかみに見た場合，白熱電灯照明事業と送配電の開始によって，電信工学という"母体"から電気工学が成立するのであるが，製造業としては，物理機械器具製造家や時計師のような仕事から，大型機械製造業（端的に言えば，鉄心を使用する工業）に変わった。発電機・電動機および変

圧器といった機械・電気変換,あるいは電気・電気変換装置は,すべてエネルギーを一度磁気(磁束)にしてから変換している。鉄心には磁気(磁束)を通しやすい軟鉄が使われる。とくに磁束を通しやすい珪素鋼板が20世紀初年にイギリスのハドフィールド(Robert Abbot Hadfield)によって発明され,1906年までに大量に生産されるようになった。鉄心を単一の塊でつくると,うず電流による損失と発熱が大きいので,鉄心は分割したほうがよい。今日では,発電機・電動機・変圧器といった電気機械の鉄心には,厚さ1ミリメートル程度の珪素鋼板からなる積層鉄心を使う。

　積層鉄心の導入史をかいつまんで述べよう。スタージャンは,誘導コイルの鉄心に絶縁鉄線を束ねて使うと出力電圧が大きくなる(長いギャップで強い火花を飛ばすことができる)ことを,1837年にロンドン電気協会で報告した[13]。38年と39年に,同会でバックホフナー(George H. Bachhoffner)とジュールがこのような鉄心を使った発電機や誘導コイルを報告している。バックホフナーは,"絶縁した軟鉄線の束"を用いると書いている。これは今日の言葉で言えば,うず電流による損失を避けるために絶縁するのである。

　うず電流は,一般には1855年にフランスのフーコーによって発見されたとされる。ドーフェも,38年頃から鉄心として鉄線を使う利点を認めているので,うず電流の現象を知っていたと言われる。49年のプルファーマッハー(J. L. Pulvermacher. オーストリア)の発電機は積層鉄心を使っている。シーメンスは自励法の実用などでは進んでいたが,電機子鉄心の分割ではグラムに立ち遅れ,シーメンス機にはうず電流損失による鉄心の発熱の問題がついてまわった。直流発電機の界磁鉄心には,1890年代末でも鋳鉄を使うのがふつうであった。交流発電機については,ハンガリーのガンツ(Ganz)社が電機子と界磁の両方に積層鉄心を導入した。

　交流発電機の同期並列運転(複数の発電機を並列に接続して同じ周波数で発電させること)の原理は,1868年にワイルドが発見している。

　電機子に電流が流れると,この電流で生じた磁界が界磁でつくった磁界分布を変化させ,発電機・電動機の動作が悪化する。これを,電機子反作用という。図4.15は,電機子反作用による磁界の変歪の説明である。

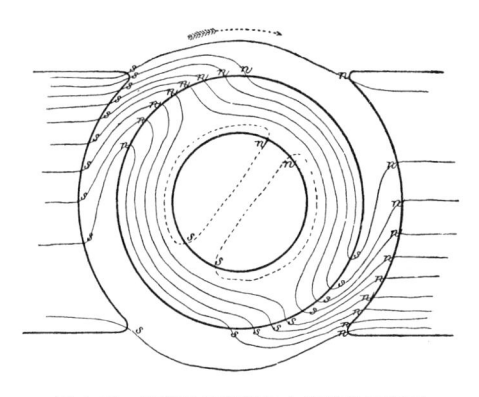

図4.15 電機子反作用による磁界の変歪

　整流子のブラシは，界磁磁極の中間点（磁界がもっとも弱いところ．中性軸という）で電機子巻線を切り替えるのであるが，電機子反作用による磁界の変歪があると，起電力（電圧）が存在するときに電機子巻線を切り替えることになる。その結果，ブラシでひどい火花が出て，整流子とブラシが急激に劣化する。整流子の火花は，発電機・電動機の最弱点問題である。

　電機子反作用は，大電力を扱う実用発電機・電動機ではとくに重大であった。電機子反作用については，1846年にヤコビが気づいていたようであり，49年にはレンツが研究を発表している。52年には，ドイツのコーゼン（J. H. Koosen）が電機子反作用対策としてブラシの位置を中性軸から移動することを報告している。84年のトンプソンの『ダイナモ・エレクトリック・マシナリー』初版には電機子反

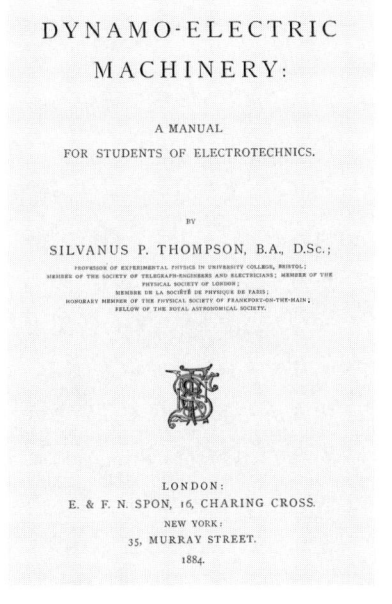

図4.16 トンプソンの『ダイナモ・エレクトリック・マシナリー』初版，1884年

4-6 発電機・電動機の進歩

作用についての章があり，86年の第2版からは電機子反作用や整流子・ブラシで生じる火花とその対策が相当に詳しく述べられている。

トンプソンの『ダイナモ・エレクトリック・マシナリー』は，電気機械学のスタンダードとして著名で，1904年には第7版が出された。各版を比較すると，電気機械学が形成されていくさまがよくわかる。図 4.16 は初版の扉である。カップやフレミング（John Ambrose Fleming. 1849-1945）の著書[14]も，しばしば『ダイナモ・エレクトリック・マシナリー』を踏襲している。歴史意識のあったトンプソンは，ペレグリヌスの『磁石についての手紙』やギルバートの『磁石論』を英訳して出版したり，ライス（電話の発明者），ケルビンの伝記を書いている。

7. 代表的な実用発電機

今日では，うず電流による損失を避けるための分割積層鉄心や，電機子反作用などの原理が相当に早くから発見されていたことがわかっている。だが，これらの知識は広く当時の電気技術者・電機製造家に知られていたわけではない。これらが認識されるのには長い年月がかかり，今日の立場から見れば不合理な設計がいくらもあった。当時の発電機・電動機の発明家・製造家は，他社製品との違いをアピールする自己主張として，むしろいろいろな"変わった"設計をしたのである。

エジソンの直流発電機は，図 4.17 のように界磁の鉄心が非常に長く，"足長のメアリ・アン"と愛称されていた。"足長のメアリ・アン"は，うず電流による損失が大きく，発熱が著しかった。この型の発電機で，1882年のミュンヘン国際電気博覧会に出品された電球60灯用のものの運転効率は，60パーセント弱であった[15]。鉄心を短くすると，磁気回路が短くなって効率が著しく改善されることを，83年にホプキンソンが示し，エジソンの発電機は短脚のエジソン-ホプキンソン型に改良された。トンプソンの『ダイナモ・エレクトリック・マシナリー』初版（1884年）と第2版（1886年）には，"界磁の電磁石は長いほうがよい"とある（どちらも p. 36）から，このような誤解がエジ

図 4.17　界磁鉄心の長いエジソンの発電機

ソンだけではなく一般的であったことがわかる。

　上記ホプキンソンの 1886 年の論文に記載された，エジソン-ホプキンソン型発電機を図 4.18 に示す。105 ボルト，320 アンペアのこの発電機では，直径 24.5 センチメートル・長さ 50.8 センチメートルの鉄心を持つ電機子が毎分 750 回転する。電機子鉄心は軟鉄板 1,000 枚からなり，板の間に紙をはさんで絶縁している。界磁鉄心と継鉄は鋳鉄製である。

　C. E. L. ブラウンが設計したエリコン（Oerikon. スイス）社の発電機・電動機のうち，1889 年にパリ博覧会で 240 馬力の電力輸送デモに使われたものは，運転効率が 93 から 94 パーセントであった[16]。この効率から見ると，今日の

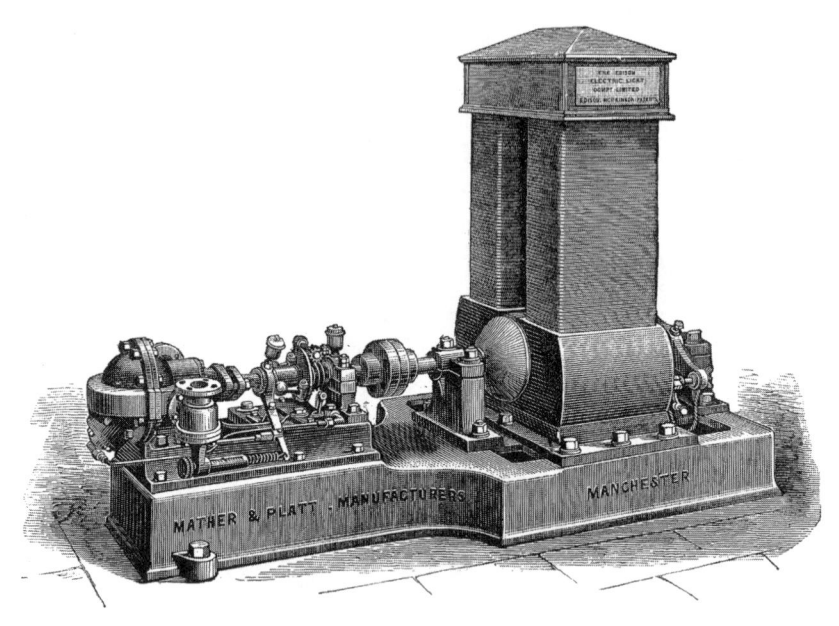

図 4.18　エジソン-ホプキンソン型発電機

水準に相当に近い機械だったことになる。

　1889年から91年にかけて，摩擦，鉄心のヒステレシス，うず電流による損失の分析が，モーディやカップによって発表された．このあたりで直流機の電気機械学がひとまず完成したと言ってよいであろう．

電気の偉人(ヒーロー)のいちばんは誰か

　電気の全歴史を通じて"誰がいちばん偉いか"という質問を発したら，どういう答えがあるだろうか。発明家として偉いというなら，知名度からしてもエジソンであろう。学者として偉いというなら，ファラデーかマクスウェルのどちらかであろう。実験家ならファラデー，理論家ならマクスウェルであろうか。答える人がドイツ人ならばヴェルナー・シーメンスを挙げるであろうし，フランス人ならばアンペールと答えるであろう。

　電気の偉人でお札（紙幣）[17]や切手になっている人がいる。イギリスでは，ファラデーが 1991 年からの 20 ポンド紙幣になっており，彼の肖像と，彼がロイヤル・インスティテューションでクリスマス講演をしている様子が描かれている。イギリスでは，ファラデーは子どもにも親しまれている。ドイツでは，1991 年からの 10 マルク紙幣にガウスの肖像があり，正規分布曲線の図がついている。ヴェルナー・シーメンスのお札があってもよいように思う。彼は学者と言ってもいいほどの研究業績があるが，企業家であるため紙幣にはなりにくいかもしれない。イタリアでは，**図 1** のように 1984 年からの 1 万リラ札にボルタ，90 年からの 2000 リラ札にマルコーニがあり，それぞれ電堆，アンテナも描かれている。

図 1　イタリアの紙幣に描かれたボルタとマルコーニ

　米国では，**図 2** のような電気技術者の偉人の 4 枚組切手が 1983 年に発売された。スタインメッツ，アームストロング，テスラ，ファーンズワース（Philo T. Farnsworth）の 4 人が描かれていて，それぞれ 20 セントの切手である。エジソ

ンがないのは，この切手がエジソンに次ぐ電気の偉人を国民に知ってもらう意図でつくられたからである。発明家エジソンの知名度は米国でももちろん抜群であるが，そのほかに電気でどんな偉人がいるかというと，一般の人は思いつかないらしい。

図2 米国のエレクトロニクス技術者の4枚組切手

　ベンジャミン・フランクリンも敬愛されているが，彼は電気の偉人というよりも建国独立の英雄として有名である。この切手の4人を束にしてかかっても，知名度ではエジソンにはかなわない。電気技術を電力（強電）とエレクトロニクス（弱電）の二分野に分けて考えると，エジソンは強電分野の人である。エレクトロニクスの母国である米国で，エジソンの知名度に拮抗するようなエレクトロニクスの偉人がいないのは皮肉なことである。エジソン以外に偉人が記憶されていないということは，米国社会における電気技術者のステータスにかかわる。この状況を打開しようという意図がこの4枚組切手の発行の背景にあったと思われる。
　この4人について述べておこう。スタインメッツは交流理論を構築し，GE社を支えた技術者である。交流誘導電動機を発明したニコラ・テスラは，エジソンの下で働いたことがあり，常軌を逸した天才・夢想家という点では，エジソンよりはるかに天高く翔んでいる。彼はラジコンの発明者でもある。スタインメッツはドイツからの移民で，テスラもクロアチア生まれのセルビア人で米国に帰化した。これも，ヨーロッパからの移民が科学技術の推進者となったという米国史の一面をよく表している。ファーンズワースはテレビの撮像管の発明者で，アームストロングとともに20世紀のエレクトロニクス時代の人である。
　日本のお札に電気の偉人が登場する日が来るであろうか。世界に誇ることのできる八木・宇田アンテナ（第9章コラム参照）の発明者は切手になるであろうか。

第5章

電信と電話
——電気の最初の大規模応用

　1830年代後半に電信が始まった。電気医療やメッキ・電鋳といった電気の応用は早くからあったが，本格的な応用は電信が最初である。電気の応用の特徴のひとつとして，大規模システムとなることが挙げられる。

　大規模システムとして利用されたはじめは電信であり，この意味でも電信は重要である。電信機の電源は電池で間に合うので，発電機の実用化以前でも電信網が可能であった。送配電網も大規模システムとして電気が利用された例であるが，送電線・配電線の導線や絶縁用がいしは，最初期には電信用のものをそのまま使い，次第に大電流・高電圧用のケーブルやがいしが工夫された。この意味で電信網は送配電網の原型であり，電信工学の歴史上の意味は大きい。

　後述のように，世界各国の電気学会のうちでもっとも長い歴史を持つイギリス電気学会は，当初は電信学会という名称であった。電信工学が電気工学の母体になったことがこの名称からもわかる。

　今日，電気技術を強電（重電）と弱電（軽電）に分けて考えることがあり，前者は電力技術，後者は通信・エレクトロニクス技術を指す。現在は半導体・コンピュータ・光通信・移動体通信が華やかであるので，電力技術は古くて通信技術が新しいという感じがあるが，歴史上の事実としては，電気技術はまず通信として始まり，次に電力技術が花形となり，さらに通信・エレクトロニクス繁栄時代となった。通信・電力・通信といういわばサンドイッチ型の変遷で

あったわけである。

本章では，電信および電話の歴史を，その前史である腕木伝信から述べていく。

1. 腕木伝信

遠く隔たったところにいる人と自由に通信するのは，人類にとって夢であった。この夢は，まずフランスで腕木の形を望遠鏡で見てリレーしていく腕木伝信として実現した。これは今日の光通信の先駆と考えることもできるし，視覚による通信であるから，のろしによる合図にも似ている[1]。

腕木伝信は，シャップ兄弟（Claude and Ignace Chappe）により1791年に実用化された。シャップの伝信局では，図5.1のように，関節のある腕木を柱

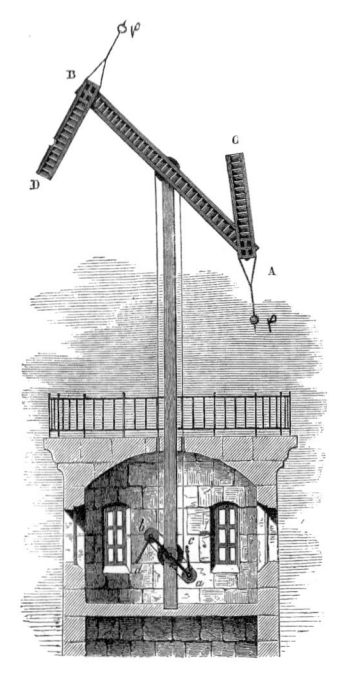

図5.1 シャップの腕木伝信機

に取りつけて，ロープで引っ張っていろいろな形にし，それぞれの形にアルファベットを割り当てて文字を表した。望遠鏡で前の局の腕木の形を読み取って，自局の腕木を同じ形にして，中継していくのである。のち，電気を使った電信技術の発達にともなって，フランス伝信庁は腕木伝信を電信に切り替えた。テレグラフ（telegraph）という語も，シャップの伝信から始まった。もともとこの語は遠くから図形や文字を読む（送る）という意味であって，電気による通信とは限定していない。明治期の日本で電信網を建設したときも，用語は電信でなく伝信であった。

シャップ兄弟はフランス革命の熱烈な支持者であり，この伝信機は革命政府によってフランス全土に建設された。1794年にパリとリールの間に開通し，最初の通信文は革命軍がル・ケノワを奪回したことを知らせるものであった。王党派の反乱と外国の干渉軍に取り囲まれた共和国政府にとって，速い通信手段は大変な助けであり，伝信網は，カレー，ストラスブール，ツーロン，ブレスト，バイヨンヌと，フランス全土に張りめぐらされた。反革命の連合軍はこのような通信手段を持たなかったので，フランス革命が生き延びられたのはシャップの伝信機のおかげであると言うこともできる。

伝信が電信に取り替えられる1852年には，フランス全土に全長4,800キロメートル，556局に及ぶ伝信網があった。のちに類似の伝信が，敵国イギリスのロンドンとプリマス間に建設された。北アフリカ，ドイツ，ロシア，米国でも，伝信が建設された。フランスの腕木伝信網を，**図5.2**に示す。

腕木伝信では，局の間隔は可視距離の制約からだいたい10マイル（16キロメートル）以内で，夜間や悪天候のときには使えなかった。多数のオペレータが必要である（少なくとも中継局の数と同じ人数が必要）のも欠点であった。通信速度の数字を2つ挙げておこう。まず，フランスでは，パリとリール間230キロメートルを2分で通信したという。イギリスでは，ロンドンとプリマスの間を3分間で往復したといい，これは秒速約5キロメートル，1中継局あたり3秒に相当する。どちらも速度を誇示するためのデモ通信であったが，伝信もかなり速かったと言えるだろう。

フィクションであるが，伝信についての話をもうひとつ紹介しておこう。ア

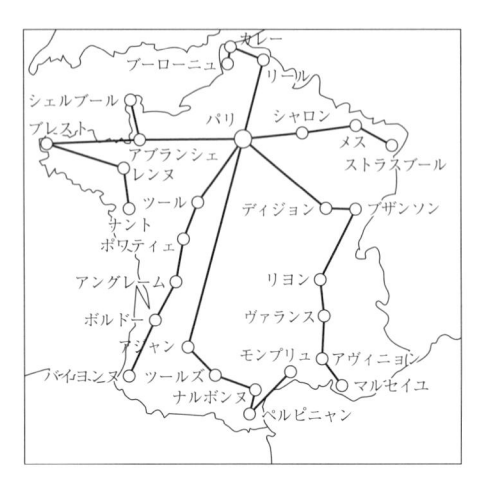

図 5.2　フランスの腕木伝信網

レクサンドル・デュマの『モンテ・クリスト伯』では，主人公エドモン・ダンテスを無実の罪に陥れたダングラールにモンテ・クリスト伯（ダンテス）が復讐しようと，伝信オペレータを買収する一節がある．男爵になりあがったダングラールを株の投機で大損させるため，折から行われていた戦争の勝敗を逆にした伝信文を送らせるという話である．フランスでは，伝信が大衆小説の道具立てになるほど使われていたことがわかる．

2. 電信の発明

　電気による電信のアイデアは，静電気の時代からあった．1753 年に，イギリスの雑誌『スコッツ・マガジン』に C. M. の署名で電信の提案が現れた．これは，アルファベットの数だけ線を張って，ある文字に送信側で静電気をかけると，受信側ではそれに対応する電極の下の紙が引きつけられるというものであった．1782 年頃のルサージ（Georges Louis Le Sage, Jr. ジュネーブ在住のフランス人）ほか，数人が静電気による電信のアイデアを出している．

　実用的なプランとしては，イギリスのロナルズ（Francis Ronalds）の摩擦静電気式電信がある．彼は，1823 年に自宅の庭に全長 8 マイル（13 キロメート

図5.3 ドイツ博物館にあるゼンメリンクの電気化学式電信機

ル)の線を張って実験をした．ロナルズはこの電信の建設をイギリス海軍省に提案したが，採用されなかった．当時はナポレオン戦争後の時期であり，イギリスではフランスからの侵攻の可能性がまだ恐れられていたが，海軍省は既設の腕木伝信で十分であるとして，ロナルズの提案を退けたのである．

　ボルタの発明により電池が利用できるようになると，動電気を使う電信機が考案された．1809年にドイツのゼンメリンク（Samuel Thomas von Sömmering）は，図5.3のような35本の電線を使う電気化学式電信機を考案した．送信側で送ろうとする文字か数字の線に電池をつなぐと，受信側では対応するガラス管の中で電気分解による泡が出て，信号があったことを示すという仕組みである．

　エールステズによって電流の磁気作用の存在が発見されると，電磁式の電信機ができるようになった．ミュンヘン駐在のロシア外交官であったシリンク（Pawel Lwowitsch Schilling von Canstadt）は，ゼンメリンクと知り合いになり，電磁検出器をそなえた電磁式電信機を1832年につくった．彼の電信機では，6個のシュヴァイガー増倍器がどういう順で振れるかによって文字を決めるようになっていた．すなわち，これは符号化した電信方式であった．シリンクは，1812年にペテルブルクでネヴァ川河床に爆雷をしかけて，電気で遠隔点火し

たことでも歴史に名を残している⁽²⁾。

電信機の実用化

　1830年代になって電信が実用化された。1833年にドイツのガウスとウェーバは，ゲッチンゲン大学と1キロメートル離れた天文台との間の連絡用に，電磁式電信機をつくって使用した。後述のように37年にはイギリスのクック（William Fothergill Cooke. 1806-79）とホイートストン，米国のモールス（Samuel Finley Breese Morse. 1791-1872）がそれぞれ電信機を発明した。今日では，誰を電信の発明者とするか，国によって定説が違い，ドイツではガウスとウェーバ，イギリスではクックとホイートストン，米国ではモールスとされている。

　多数の電線を張る電信は実用には適さない。電信機よりも電信線のほうが費用がかかる（絶縁も敷設もメンテナンスも）からである。したがって，以下に見る電信機の発達は，電信線の数を減らす方向への努力でもあった。線の数を減らすには，符号化等の約束事が必要である。アルファベットや数字の全部に線を割り当てれば送信・受信は誰にでもできるのに対し，符号化すると訓練されたオペレータでないと電信機を操作できない。電信機の発達，とくにモールス機の登場によって，多数の専門オペレータが必要となった。

　イギリスのクックは，1836年にシリンクの電信機を見て自分でも電信機を考案しようとしたが，電気の知識がなかったため，ロンドンのキングズ・カレッジの教授ホイートストンに相談し，共同で5針式電信機を発明した。これは**図5.4**のように，5本の針のどれか2本を選んで動かし，2本の針の示す方向を延長した線上の交点の文字を読み取って受信する方式である。37年

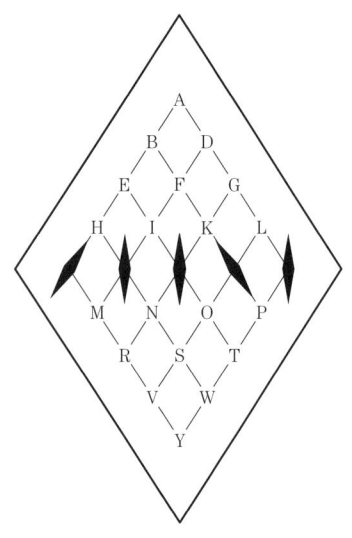

図5.4　クックとホイートストンの5針式電信機（この状態では"B"を示している）

にこの電信機に特許が与えられ，同年にこの電信機はロンドンの鉄道で試験された。

その後，電信線の事故がきっかけとなって，文字を符号化すれば2本の針ですむことがわかり，2針式電信機がつくられた。これは，1839年にグレート・ウェスタン鉄道のロンドンのパディントン駅からウェスト・ドレイトン駅までの21キロメートルの区間で運用が開始された。イギリスの鉄道電信は，開業後間もなく，公衆通信も引き受けるようになった。

2針式電信機がさらに改良されて，単針式の電信機になった。これは大きな円盤の前に鉛直に針が1本あって（風呂屋に昔あった体重計のような形である），針が左に振れたか右に振れたかの組み合わせで文字を表すようになっていた。単針式電信機はモールス電信への対抗策であって，送信側ではキーの上下操作だけで，プラスあるいはマイナスの電池につなぎ，受信機を左か右に振らせた。オペレータが習熟すれば相当に高速な通信ができたという。

ホイートストンはまた，1840年に文字盤ダイヤル上を1本の指針がまわり，所定の文字を示すところで止まる方式の指字（ABC）電信機をつくった。この電信機は操作が簡単なので，広く用いられた。図5.5は日本で電信創業時に使われたブレゲ指字電信機である。

図5.5 日本で電信創業時に使われたブレゲ指字電信機

モールス電信

　米国のモールスが電信機を発明したのも 1837 年であった。肖像画家であったモールスは電気の知識がなかったので，ヘンリーに教えを乞うた。その結果できた電信機は，文字・数字をあらかじめ点とダッシュ（・と―）からなる符号（モールス符号）にしておき，受信側では電磁石の作用で紙テープに・と―の凹凸をつけて（のち，インクで書くように変更された）記録する方式であった。

　彼の最初の電信機は，**図 5.6** のように，油絵のキャンバスを張る木枠に組んだものであった。これはワシントン DC のスミソニアン国立アメリカ歴史博物館の"インフォーメーション・エージ"展で見ることができる。1844 年にはモールス式の実用電信機が完成し，ワシントン DC とボルチモア間に電信が開通した。電信機の発明の名義はモールスになっているが，技術のほとんどすべてはヴェイル（Alfred Lewis Vail. のちに AT ＆ T の社長を務めた Theodore Vail

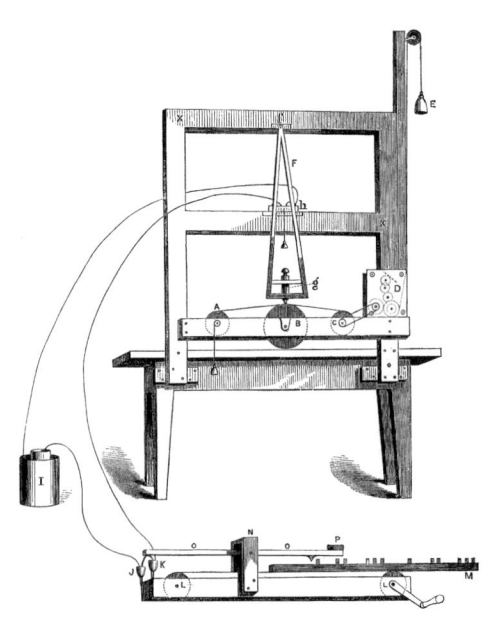

図 5.6　画枠に組んだモールスの電信機

の従兄）が担当した。発明の先取権係争でモールスの立場を悪くしないように，ヴェイルは影武者の立場にとどまったのである。

モールス電信機の送信は回路を断続するだけであるので，キー（電鍵）を押す操作だけでよく，オペレータがモールス符号に習熟して条件反射でキーを打てるようになれば，送信速度は速くなった。

モールス電信がすぐれていることはよく認識されていたが，各国に普及するのには相当の年月がかかった。その理由のひとつは，モールス電信には習熟した専任オペレータが必要であったことである。電信は多数の局を中継して結ぶネットワークであるから，すべての局に同一水準に習熟したオペレータをそろえないと通信速度の向上は進まない。鉄道電信では地方の駅の駅員に電信操作も兼務させたので，モールス機は採用できず，操作の簡単な単針機が長年使われた。フランスでは多数の腕木伝信手を電信オペレータとして使わなければならなかったので，速度は遅くても操作の簡単な指字電信機を採用した。電信網整備のために，各国の電信庁や電信会社は，訓練学校を設置してオペレータ多数の養成に努めた。

3. 電信網の発達

1840年代はイギリスは鉄道の大発展時代であって，電信網は鉄道とともに急速に伸びた。人々に電信のなじみが薄かった頃，電信の効用を端的に示したのが，ロンドン郊外で起きたスラウ殺人事件であった。ジョン・トーウェルという男が女性を殺して，スラウから汽車でロンドンへ逃げた。大都会に紛れ込んでしまえば捕まらないと計算したのである。しかし，スラウからロンドンのパディントン駅へ電信で知らせがあったので，犯人はロンドンで逮捕された。トーウェルは裁判にかけられて処刑されたが，この事件は電信による犯人逮捕として話題をさらった。交通運輸手段にはそれより高速の通信連絡手段が有用であり必要であることを，それまで人々は認識していなかったし，犯人も考えなかったのである。

米国では，電信網は南北戦争（1861-65年）後に急速に発展した。1869年に

は米大陸横断鉄道が開通した。国土の拡大，開発と資本主義の発展にともなって，多くの電信会社が電信線の建設と運用にしのぎを削り，その結果56年に巨大企業ウェスタン・ユニオン（Western Union）が成立した。

米国の大都市では，**図5.7**のように街路に張られた電信線が錯綜して"昼なお暗い"ほどであったという。電信は，商品取引や株式売買に盛んに利用された。広い国土における情報交換には電信が不可欠になった。トンツー（モールス符号送受信）の腕を頼りに，大陸を放浪する電信オペレータが活躍した。エジソンはこのような渡りの電信手の典型であり，のちに電信手をやめて発明に専心した。

電信の発達はまた，新聞社間の競争とも関係していた。速い報道によって部

図5.7　電信線が錯綜したフィラデルフィアの街角

数を伸ばそうと，新聞社は競って電信を利用した。ヨーロッパでは，ロイター社が電信を使って新聞社にニュースを供給し，莫大な利益を得た。電信は当時の先端技術であり，スピードの象徴でもあった。新聞の名には，速い伝達を意味する"ポスト"，"メール"，"クーリエ"がつけられていたが，ずばり"デーリー・テレグラフ"という新聞もロンドンで 1825 年に現れた。

19 世紀後半に欧米以外で電信網がもっとも発達したのはインドであった。東インド会社に勤務していたイギリス人医師オショーネッシ（William Brooke O'Shaughnessy）[3]は，1859 年にカルカッタに約 50 キロメートルの試験電信線を建設した。1852 年以後，カルカッタからボンベイ，アグラ，ペシャワール，マドラスを結ぶ電信線が建設された。オショーネッシはインドの電信総監に任命され，シーメンス式モールス機を導入し，モールス電信を扱う技術者をイギリスで訓練してインドへ送り出した。1858 年 3 月までに，インド亜大陸に総計 16,000 キロメートルの電信線が建設された。

戦争と電信

電信は政治や軍事と結びついていた。フランスでは，フランス革命後の伝信以来の伝統により，電信は政治の道具であって商業（産業）の手段ではないとされていた。フランス政府が商業通信のための電信線敷設を認めないことが，一時期，英仏海底電信線実現への制約になっていた。

ドイツのプロイセンでは 1847 年に電信が官営で始まり，当初は公衆電信は許されていなかった。オーストリア，オランダ，ロシアも似たような状況であった。イギリスでは，上述のように，電信は鉄道会社によって始められたが，70 年までに国営化されて郵政庁傘下に入った。米国ではヨーロッパ諸国と違って，電信は民間企業の手にゆだねられた。

電信が戦争に本格的に利用されたのは，1854 年から 56 年のクリミア戦争が最初である。ロシアはシャップ式腕木伝信でモスクワとセバストポリ間を約 2 日で通信でき，さらにドイツのシーメンスに機器を発注して，55 年までにワルシャワ，ペテルブルク，ヘルシンキ，クロンシタット，オデッサ，セバストポリを電信で結んだ。イギリス・フランス・トルコ側の通信は，クリミア半島か

ら蒸気船でブルガリアのヴァルナまで運び，ブカレストまで馬を走らせ，あとは通常の郵便を使ったので，ロンドンあるいはパリまで届くのに12日から3週間を要した。

このロシア側の優位を打破すべく，イギリス陸軍は電信敷設を急いだが，イギリス工兵隊に電信部隊がなかったため，民間の会社を使った。C. F. ヴァーリ（Cromwell Fleetwood Varley. Cornelius Varleyの子）らが派遣され，クリミア半島からヴァルナまでの黒海に海底電信ケーブルを敷設することになった。距離は555キロメートルあり，それまでの海底電信ケーブルではなかった長さであった。この電信線は1855年4月に開通した。イギリスまでの通信所要時間は約1日であり，軍用だけでなく，報道通信にも使われた。イギリス軍の将軍はロンドンから戦争指揮に容喙してくる電信を嫌った[4]が，以後，電信は軍事用に重視されるようになった。

1857年から58年のインドにおける反英大反乱（セポイの乱）では，反乱を鎮圧するのに電信が大いに役立った。57年までにインドの電信網の発達は進んでいて，主要地を結んでいた。インド兵の中には電信の訓練を受けた者もいて，反乱軍は電信の重要性をよく知っており，多数の電信局をすばやく襲撃して破壊した。しかし，その前にデリーから反乱勃発の知らせが電信で送られ，パンジャブ政府はインド兵を武装解除した。これが，インドにおけるイギリス支配を崩壊から救った。

米国の南北戦争（1861-65年）では連邦側も南部連合も電信を利用したが，利用の程度は連邦のほうが大きかった。リンカーン大統領自身も，蒸気船を砂浜から空気圧で持ち上げる装置の特許を取ったことがあり[5]，南北戦争で新しいテクノロジーを利用するのに積極的であった。1862年から63年にかけての激戦では，電信による連絡が勝敗の帰趨を決めた。戦争終結までに，連邦軍（北軍）によって約25,000キロメートルの電信線が建設されたが，これらの電信線は戦後に民間電信に渡された。

1860年頃のフランス-オーストリア紛争，普仏戦争（1870-71年），ズールー戦争ほかエジプトやアフリカ植民地での戦争，ボーア戦争（南アフリカ戦争．1899-1902年）でも電信が利用された。ボーア戦争では，イギリスの電気学会

を中心にした電信技術者が，志願電信隊をつくって従軍し活躍した。これらの戦争を経て，各国の軍隊に電信部隊や電信学校が設置された。

1865年には，フランス皇帝ナポレオン3世の主導で万国電信会議がパリで開かれ，万国電信条約が締結された。これが電気関係の国際条約のはじめである。

4. 海底電信線の拡大

電信では，線路とその絶縁が非常に重要である。しかし初期には，電信線路にはあまり意が用いられず，絶縁被覆のない裸線を張って簡単な絶縁物で支持する架空線が多かった。絶縁物には，木，硫黄，ガラス，陶磁器のほかさまざまな材料が試みられたが，最後には磁器かガラスでつくったがいしが残った。がいしは屋外で長年にわたって風雨にさらされ，植物が絡みつき，動物がさわるので，絶縁は容易に劣化し，しばしば事故が起きた。

絶縁被覆と保護被覆のある電線，すなわちケーブルを使うことは，ゼンメリンクやロナルズら，電信の初期のパイオニアたちが考えて実験していた。導体がむきだしでないケーブルは事故が起きにくい。しかし，ケーブルはコストが高いだけでなく，その被覆用絶縁材料に問題があった。ろう，ピッチ，コールタール，ガラス，麻，紙などが使われ，ゴムが導入された。

1840年代初めに，ガタパーチャという樹脂がマレーからイギリスにもたらされた。これは，暖めると軟化して成形しやすくなり，冷えると固化するので，電信ケーブルに最適であった。海底電信線にはガタパーチャ被覆ケーブルが使われるようになった。図5.8と図5.9はガタパーチャの採取と，海底電信ケーブル断面の例である。1847年には，シーメンス・ブラザース社が3,000マイル（4,800キロメートル）のガタパーチャ電信ケーブルを製造した。電信の最先進国イギリスは，電信ケーブル製造技術においても抜きん出ていた。

川や海峡や湾を横断するために川底や海底に電信ケーブルを敷設する試みは早くから行われていた。水底に線を敷設して電気を通じる実験は，前述のようにシリンクが1812年に行っている。外海の海底に電信線を敷設したのは，49年のイギリスのサウス・イースタン鉄道のウォーカー（Charles Vincent Walker,

1812-82) が最初である。彼は，ドーバーの西隣のフォークストン (Folkstone) の沖に停泊したクレメンタイン王女号 (*Princess Clementine*) まで2マイル (3.6キロメートル) にガタパーチャ被覆海底ケーブルを敷設し，ロンドンまで同鉄道の架空電信線を経由し，83マイル (133キロメートル) の実験

図5.8 ガタパーチャ採集

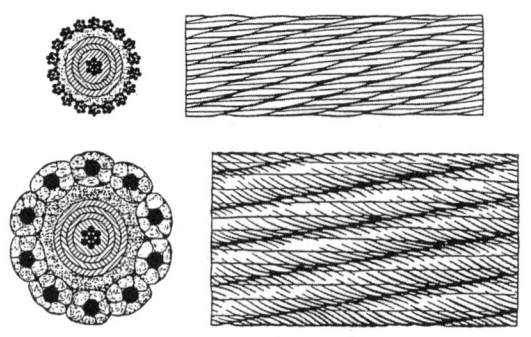

1857－58年の最初の大西洋ケーブル（上図）
1865－66年の大西洋ケーブル（下図）

図5.9 海底電信ケーブル断面図

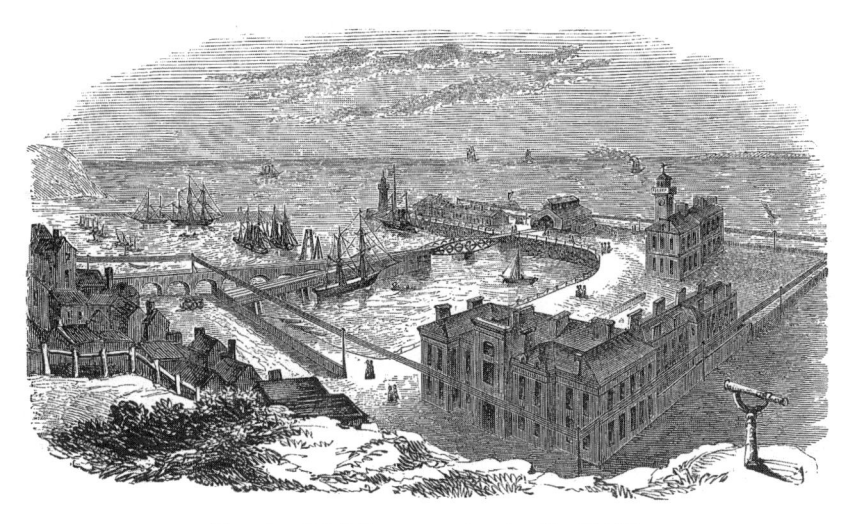

図 5.10　英仏海峡のフォークストン港の電信局

通信を同年1月10日に行った[6]。**図 5.10** は，フォークストン港の電信局である。ウォーカーは，後述するように，スタージャンが設立したロンドン電気協会を，スタージャンのあとに主宰した人物である。

海底電信ケーブルの敷設

　英仏海峡横断海底電信ケーブルは，1850年にドーバー・カレー間にブレット兄弟（Jacob and John Watkins Brett）によって敷設された。海底ケーブルの製造，敷設などはそれまでになかった技術であり，外海への敷設は困難で，失敗が続いた。巨額の資金を必要とするにもかかわらずこれが推進されたのは，国家（とくにイギリス）の政治と軍事にきわめて有用であったのと，商業通信による収入が期待されたからである。

　イギリスにとっては，ヨーロッパ大陸と電信で結ばれるだけでなく，重要な植民地であるインドへ[7]，さらに中国へと電信線を伸ばすことが必要であった。中国までは，ロシア・シベリアまわりの陸線ルートと，インドから海底線でシンガポール・香港を経由して上海までの南海ルートが考えられた。ライバルであるフランスやドイツなどのヨーロッパ大陸諸国を通らない南海ルートの確保

がイギリスにとっては好ましかった。ジブラルタル，マルタ，スエズから紅海を通ってアデン経由でインドへの海底電信ケーブル，そしてインドのボンベイからシンガポール，さらに香港へというケーブルが，イギリスのペンダー（John Pender. 1816-96. 織物工業家であった）の東方電信社（Eastern Telegraph Co.）系の会社によって敷設された[8]。

アメリカ大陸とヨーロッパを結ぶ大西洋横断海底電信ケーブルが，米国のフィールド（Cyrus Field）によって1855年にはじめて敷設された。深海への海底電信ケーブル敷設という大事業はこれが最初であった。この事業にはイギリス側からも，英仏海峡電信ケーブル敷設を担当した技術者ブレット（John Watkins Brett）やブライト兄弟（John and Charles Tilston Bright）が協力し，ペンダーも参加していた。大西洋上でケーブルが切れ，この失敗に鑑みて改良したケーブルを敷設し，また切れたケーブルを引き上げて回収したりという難工事であった。58年に新大陸と旧大陸を結ぶ電信線が最初に開通したときの，ニューヨーク市民の熱狂振りはすさまじく，ブロードウェイは15,000人の祝賀行進であふれ，教会では特別ミサが行われたという。このケーブルを通じて，イギリスのヴィクトリア女王と米国のブキャナン大統領の祝電が交換された。しかし，開通後に通信状態が悪く，その改善のため2,000ボルトという高電圧をかけたので，ケーブルに絶縁破壊が起きて通信できなくなってしまった。何度もの失敗の末に，66年に開通した5度目のケーブルが，最終的に安定した運用に入った。

イギリスの海底電信網独占

イギリスは，世界の海に電信ケーブルを敷設して，国際電信に覇を唱えた。当時の最強国であったイギリスは世界の至るところに植民地を持ち，最強の海軍を擁していた。これら各地との通信を確保する海底電信線は，イギリスにとって死命を制する重要事であるとともに，覇権の源泉でもあった。

イギリス資本の会社による海底電信線をイギリスの領土（属領・保護領を含む）内に陸揚げして，地球を取り巻く海底電信網が完成した。ペンダーの会社が，イギリスの海底電信線の伸長を推進した。日本への海底電信線はデンマー

クの大北電信社が敷設したが、のち同社もペンダーの会社と業務を提携した。1906（明治39）年に開通した商業太平洋海底電信会社（Commercial Pacific Cable Co.）の日米海底電信線も、米国議会が警戒していたにもかかわらず、じつはペンダーの手に握られていた。同社の資本の50パーセントをペンダーの会社、25パーセントを大北電信社が持っていて、米国資本は25パーセントにすぎないことがあとから判明したのである。このように、世界の主要な海底電信線の大半が、ペンダーの会社の影響下にあった。

　イギリスが世界の海底電信線をほとんど押えていたため、諸国の海外電報は事実上イギリスにつつぬけであった。海底電信線について後発のフランスやドイツは、何とかイギリスの独占を崩そうといろいろ努力したが、成功しなかった。その理由を見ておこう。

　まず、長距離の電信ケーブルを製造して大海に沈設することは、それまでは未知の技術であって、後発国の追従は容易ではなかった。また、海底電信ケーブル製造に不可欠な材料であるガタパーチャの生産と供給はイギリスが押えていて、ライバル国が大量のガタパーチャを入手することはできなかった。

　海底電信線敷設は大変な資金を要する事業である。商業通信を取り扱って収入を得ることで海外電信網は成り立っていた。そのため海底電信線の会社は、他国の電信ケーブルが並行して敷設されるのを非常に嫌った。仮に、イギリスのケーブルと並行して新たにライバル国がケーブルを敷設したとすると、収入は単純計算で両ケーブルへ半分ずつに分かれるであろう。顧客を半分取られるようなことをイギリス側がだまって見ているはずはない。また、仮に並行ケーブルを敷設したとしても、通信内容がイギリスにもれないようにするには、フランス（あるいはドイツ）からその植民地までに至る電信ケーブルすべてを自国のものにしないと意味がない。現実には、フランス（あるいはドイツ）本国から植民地へのルートの途中のどこかがイギリス系ケーブルであった。

　こういうわけで、国際通信はイギリスにつつぬけで、故意の遅延や電文のすり替えも容易であった。さらに、一朝事あるとき、イギリスの艦隊がライバル国系のケーブル陸揚げ地点を占拠してケーブルを切り離してしまえば、ライバル国のそれまでの努力は水泡に帰すのであった。結局、八方ふさがりであって、

イギリスの事実上の独占を崩せるはずはなかった。これが崩れるのは，列強中のイギリスの地位が第一次世界大戦後に低下し，方向性アンテナを使った短波ビーム無線による通信網をドイツが実用化してからであった。

　このように，電信網はほとんど政治そのものであった。フランス電信庁は，フランスとドイツが敵国として戦う第一次世界大戦の直前まで，イギリスに対する絶望的な敵愾心のために，ドイツ電信庁と親密な関係にあったというエピソードが残されている(9)。

5. 電話の登場

　大きな発明・発見によくあるように，電話も何人かの人が着想している。1861年にドイツのライス（Johann Philipp Reis. 1834–74）が電話機を発明した。彼の電話機は音声を伝えることができなかったとする説があるが，トンプソンはこの説が間違いであると述べている(10)。

　電話事業の開始につながった発明は，1876年の米国のベル（Alexander Graham Bell. 1847–1922）の特許である。図 5.11 と図 5.12 はそれぞれ，ライスの

図 5.11　ライスの電話機

図 5.12　ベルの電話機

電話機とベルの電話機である。ベルの発明の先取権には疑義もある。彼が特許出願した液体送話器は，米国の電信技術者グレー（Elisha Gray. 1835-1901）が発明したものと同じであり，米国特許局の日付も同じであった[11]。著名な電信技術者であったグレーは，電信線の伝送容量を向上する方法を開発しようとしていて，電信のトーンを変えて多重電信（1組の電信線で多数の電信を同時に送る方式）を開発しようとしており，ベルとは違って音声の伝達には重きを置いていなかった。ベルは，もともと聾唖者教育の専門家で，人間の声に関心があり，電気の知識には乏しかった。電信事業のさし迫ったニーズである多重電信（グレー）と音声伝達（ベル）と，2人の動機は異なっていたのであり，このあたりが電話発明の先取権の分かれ目になったと考えられる[12]。

電話発明をめぐるグレーとベルのエピソードは，専門技術者としろうとのどちらが発明において有利かといった点や，そのモチベーションの違いといった点で興味深い。電信発明のクックやモールスも，電気にはしろうとであった。大きな発明であれば，まったく新しい着想をするのであるから，誰もがしろうとのようなものであり，学者や技術者が必ずしも有利であるとは言えない。

電信会社が大きな収益を生む電信の拡大に熱中していて，電話の将来性を見逃したということも，興味深い歴史上の事実である。電信会社は電話が電信のライバルになるとは考えなかったので，電話事業を重要視しなかった。のちにベル社と電信会社との競争が激しくなってから，ベル社と電信最大手のウェスタン・ユニオン社は事業協定し，それぞれ電話と電信を専業とすることにした。電話事業は急激に成長し，のちにベル社はウェスタン・ユニオンを傘下におさめた。

グレーは，今日のウェスタン・エレクトリック（Western Electric）社の源であるグレー・アンド・バートン（Gray and Barton）社を1869年に設立した。同社はウェスタン・ユニオン傘下の製造会社になり，81年にベル社専属の電話機製造会社となり，成長を続けた。85年にベル系のAT＆T（American Telephone and Telegraph Company）社ができ，のちに（1900年）これがベル系企業の親会社になった。同社は，傘下に機器製造部門のウェスタン・エレクトリック社と研究部門のベル電話研究所（Bell Telephone Laboratories）を持ち，

米国の電気通信業で独占的地位を固めた。

　送話器が初期の電話の感度，したがって実用性を決めた。ベルが使用した送話器の原理は（受話器の原理も），今日のマグネチック・イヤホンと同じであった。すなわち，ベルの電話はマグネチック・イヤホンを2つつないだのと同じあり，電源は必要としなかったが，感度が低かった。電流が流れている回路の電気抵抗を音の振動で変化させることができれば（今日の言葉で言えば，電流を音で変調できれば），受話器にこの変調された電流を流して大きな音を出せる。変調には，グレーは液体可変抵抗を用い，エジソンは濡れた紙，炭素片，さらに炭素粒を使用した。こうして，カーボン・ボタン・マイクロホンができた。

　イギリスのヒューズ（David Edward Hughes）も，炭素のルーズな接触が音の振動で変化するのを利用する炭素送話器をつくり，これが増幅作用のあることを1878年にデモンストレーションした。彼がこの送話器を"microphone"と呼んだのが，マイクロホンの語のはじめである[13]。カーボン・ボタン・マイクロホンは，感度が高く，長期間にわたって電話だけでなく拡声装置や放送や無線機に広く使われた。日本でも電信電話公社の"黒電話"の時代までは，電話機には炭素マイクを採用していた。

電話の発展

　電信は，電信局へ行って送信（打電）を依頼し，受信は配達夫が持ってくるのを受け取るから，電話と違ってオンラインでもなければリアルタイムでもない。電話は加入者制度になっていて，加入者の家庭（あるいはオフィス）に電話機があり，加入者が自分で電話機を操作してリアルタイムで会話できる。加入者全員に電話機を持たせてそこまで電話線を敷設するのには，大変な額の費用が必要である。限られた数の電信局の間で通信する電信と違って，電話では非常に多数の加入者相互が通信するので，その接続を選んで切り替える"交換"が必要である。交換設備には交換機や交換手など，大きなコストがかかる。

　1878年に，米国のニューヘブン（コネチカット州）で電話交換が始まった。初期には，交換手が発信者の希望を聞いて交換台の電線プラグを受信者の線に

図 5.13　電話交換の様子

つなぐ作業をしていた。図 5.13 は，日本における電話交換の様子である。交換手の仕事は相当にヘビーな労働であったが，女性の職業が限られていた時代であり，電話交換手はタイピストなどと並んで女性の社会進出の先端に位置していた[14]。1889 年に米国のストロージャ（Almon Brown Strowger）が電動スイッチを使う自動交換機の特許を取った。以後，人の介在しない自動電話交換が拡大した。

　コスト面の困難を乗り越えて電話が普及したのは，電話がいかに市民生活に便利で役立ったかということの証左である。今日の携帯電話までの変遷のディテールを見ると，"電話は世につれ人につれ"で，電話がそれぞれの時代の社会と人々の生活を反映してきたことがわかる[15]。

　電話は大都市だけでなく地方でも需要が多かったが，費用がかかるため，敷設が間に合わないことが多かった。最先進国である米国でも，電話が開設されるのを待てなくて，牧場のバラ線（有刺鉄線）をそのまま電話線として利用することもあった。地方ではグループ加入（party lines. 同じ電話機が数軒の家に分散している）も多かった。グループ加入電話では，通話を隣家の人に聴かれるのはむしろ当たり前で，隣人の通話を聴くのは何よりの楽しみでもあった。

5-5　電話の登場

これに抗議すると近所から白眼視されるというようなこともあったという(16)。

　日本では，第二次世界大戦後まで，電話の需要に設備拡張が追いつかなかった。年配の読者ならば，電話を設備するのに債券を買う必要があったことを記憶しているであろう。設置を申し込んでも電話がつくまでに何ヶ月も何年も待たされたり，電話設置の権利が売買されたりしたこともあった。戦後には地方の農村で有線放送が発達し，これをグループ加入の形で電信電話公社の（ふつうの）電話網にも接続したいという要望が強かった。電電公社がこれを嫌ったのも，今は昔の話となった。

6. ファックスの発明と実用化

　ここで，ファクシミリについて述べておこう。ファックスの起源は古く，電信の一種として1840年代に考案されている。1843年のイギリスのベイン（Alexander Bain）の印画電信（オートグラフ）はその例である。日本人も早くからファックスに接していた。江戸末期の幕府の外国奉行であった向山隼人正は，遣欧使節として1867（慶応3）年のパリ万国博覧会でオートグラフを見た。難しい日本文字でもそのまま送受できるという実用性を認めた向山は，このオートグラフ購入を決めた。ところが，幕府瓦解のドサクサでこの機械は行方不明になってしまった。東京のていぱーく（逓信総合博物館）には，ブレゲ社製のダランクール（D'Arlincourt）式印画電信機が保存されている。1877（明治10）年に工部大学校の電信科教授エアトン（William Edward Ayrton. 1847-1908）が三条実美太政大臣にファックスを実演して見せたと伝えられており，この機械を使ったのであろう。

　当時の印画電信は紙テープに文字を再現するものであったが，のち，写真電送が考案された。1926（昭和3）年には，京都における昭和天皇即位の御大典の写真が大阪・東京へ電送され，新聞に掲載された。大阪毎日新聞と東京日日新聞（今日の毎日新聞）に掲載された写真は，日本電気の丹羽保次郎が開発したNE式写真電送機で送られた。これは，日本の技術が欧米の水準にキャッチアップした例とされている。

ファックスは，20世紀末になってから急激に普及し，今日では家庭でもふつうに使われている。だが，ファックスに電話回線の使用を許すという法制面の変化や，複写機の発達と低価格化といった諸条件がそろうまで，ファックスの一般化は進まなかった。電子複写（電子写真）については，発明者カールソン（Chester Floyd Carlson）が1938年に特許を取っている。

　年配の読者は，テレックスがあったのを記憶しているであろう。キーボードで文を打つと，文が受信側に送られる装置である。会社が加入者となってオフィスの一隅にテレックス（テレタイプ）を置いた。テレックスはビジネスに不可欠なツールであったが，ファックスの普及につれて廃れてしまった。日本人にとっては，アルファベットやカナでなく漢字の使えるファックスのほうが，テレックスよりもありがたいため，欧米よりもファックスへの切り替えが早かった。これは，文字表記という文化の形の違いが，技術の発達と普及に影響するという例である。欧米ではタイプライタで文章を書けるために，ワードプロセッサの普及が遅れたのも，同様の例である[17]。

7. 携帯電話の登場

　携帯電話について述べておこう。誰もが，どこにいても，いつでも，どこにいる誰とでも会話（音声による双方向通信）ができるのは，通信の理想であった。有線の電話では移動体通信はできないので，自動車などの通信には無線電話が使われた。米国のモトローラ社は，警察の自動車無線電話をつくって成長した会社である。第二次世界大戦と朝鮮戦争では，同社製のトランシーバが活躍した。第二次世界大戦でドイツはこの種の機器を持たなかったから，トランシーバはこの戦争の帰趨に何がしかの影響を及ぼしたとも言える。日本でも，第二次世界大戦後の1950（昭和25）年頃に警察のパトカー無線が導入された。無線電話機は高価であったので，航空機，警察，タクシーなどの業務用に使われ，個人の使用はできなかった。

　のち，市民バンドのトランシーバが現れた。これは，プッシュ・ツー・トーク方式（双方向通信でなく，自分がしゃべっている間は相手の声は聞こえない。

タクシー無線がこの方式である）であった。ひと頃は，トランシーバが日本のエレクトロニクス製品輸出の稼ぎ頭であった。米国への日本製トランシーバ輸出が1960（昭和35）年頃から急激に伸び，1966（昭和41）年には1,000万台近くになった。米国のトランシーバ製造は軍需を中心に発展したので，高出力・高価な業務用に重点を置いており，長距離運送トラック等の民需用に日本の製品が入り込んだ。米国業界の軍需への傾斜が，日本からの民需用製品の輸出を呼ぶという関係は，トランジスタ・ラジオやカラー・テレビにも共通であった。

　トランシーバは，通話する二者の間を直接電波が飛ぶので，通信できる距離が限られる。携帯電話では，移動する発信者からの電波を近くの固定アンテナでとらえて，これを受信者近くの固定アンテナから受信者に電波で送る。発信者や受信者が移動しても通話が持続するように，地域を亀の甲や蜂の巣状にセルに分け，各セルに固定アンテナを立てて，移動体との間に電波を通じる。この方式の移動体電話をセルラ・フォンという。通話者がセルの境界を横切るときは，自動切換えをする。2つの固定アンテナの間には交換機（コンピュータ）があって，膨大な数の電話加入者から受信者を選んで接続する。1981年に，スウェーデン，ノルウェー，フィンランド，デンマークでセルラ方式の自動車電話システムの運用が開始された。これが，携帯電話の実現へと変化していった。

　有線電話では，加入者までの電話線を敷設したり，交換機を設備するコストが非常に大きい。それゆえ，増大する電話の需要に敷設が間に合わなかった。日本では，申し込んでもつかない電話に"積滞電話"という用語があり，第二次世界大戦前に申し込んだ電話が戦後についたというジョーク（?）もある。携帯電話が普及したのは，半導体技術によって無線電話機が安価になったのと，コンピュータによって交換のコストが小さくなったからである。新興工業国では，先進国と違って有線電話設備の発達が遅れたので，固定電話よりも携帯電話のほうが普及が進んでいる。

　今日では，携帯電話は音楽も配信するようになった。電話は今後も，形を変えつつも，市民の生活の道具であり続けるであろう。

エジソン関係のアーカイブスと博物館

　エジソンは，豊かな家の出ではなく学校の出来もよくなかった。そのいなかの"並の"少年が電信オペレータから発明家になって成功したのだから，世界中で絶大な人気があるのも当然である。第6章で述べるように，彼は栄光の伝説につつまれている。伝説とは違っても，エジソンの実像を鮮明にするのは歴史家の務めであり，米国では近年この作業が進行している。そのためにつくられたアーカイブスとエジソン関係の博物館を紹介しよう。

　スミソニアン・インスティテューションとラトガース大学らは，エジソンの遺した実験ノートや手紙等の文書を整理・保存し，マイクロフィルムおよび本の形で出版する"エジソン文庫"（Thomas A. Edison Papers）を1978年に設立した。

　科学技術史上の個人資料を整理・保存するプロジェクトとして，これは，レオナルド・ダ・ビンチ文書にならぶ規模であると言われている。

　エジソンの遺した資料は，350万ページの研究ノートのほか，多数の手紙・写真等がある。これらは，エジソンが40歳代のときにつくったニュージャージー州ウェスト・オレンジ研究所（現在は下記の国立エジソン記念館になっている）に約50年の間眠っていた。

　このプロジェクトでは，文書500万ページのうちから，約10パーセント，すなわち50万ページをマイクロフィルム化する。さらにそのうちの約7,500のアイテムを本として印刷出版することになっており，2004年に第5巻が刊行されている[18]。エジソン文庫の本拠はラトガース大学にあり，分室がエジソン国立記念館にある。

　次に，エジソンに関係する米国内の博物館を挙げておこう。
（1）　国立エジソン記念館（Edison National Historic Site），ニュージャージー州ウェストオレンジ（West Orange）。
（2）　コン・エジソン博物館（Con Edison Museum），ニューヨーク市。
　Consolidated Edison Company of New Yorkの博物館である。パール・ストリート発電所に始まる電力技術の歴史を展示している。
（3）　エジソン生地博物館（Thomas Edison Birthplace Museum），オハイオ州ミラン（Milan）。
　エジソンの電灯・電信・電話や特許などを展示している。

113

(4) フォード博物館とグリーンフィールド・ビレッジ（Ford Museum and Greenfield Village），ミシガン州ディアボーン（Dearborn）。

エジソンの下で働き，のち自動車王として成功したフォードは，エジソンの親友となった。フォードは1929年にEdison Instituteを設立し，メンローパーク研究所の遺品をここに移した。現在，広大な野外博物館 Greenfield Village には，メンローパーク研究所が移設されていて，その内部も見ることができる。そのほかに，米国の歴史と生活の変遷を示す建造物・設備が集められている。Henry Ford Museum には，米国史上の交通・通信・農業・工業・日常生活・装飾品に関する展示がある。

(5) エジソン・ウィンター・ホーム博物館（Edison Winter Home Museum），フロリダ州フォートマイアーズ（Fort Myers）。

エジソンが晩年に冬を過ごしたところである。彼のいろいろな発明について展示している。

エジソンの伝記についても触れておこう。

彼の伝記のうち，第6章の文献(3)に示す研究書はよいが，一般書は一長一短であって決定版というべきものはない。その中で，Mathew Josephson, *Edison*: *A biography*, McGraw–Hill, New York, 1959 がひとまず信頼できる。技術畑ではない人が書いたものであるが，テクノロジーの記述も大過なく，邦訳『エジソンの生涯』，新潮社，1962年もある。

技術面に重点のある伝記としては次があり，リプリント版で入手できる：Frank Lewis Dyer and Thomas Commerford Martin, Edison：*His life and invention*, 2 Vols., 1910 and 1911, reprint, University Press of the Pacific, Honolulu, 2001. 同書は，エジソンの下で働いたダイアーほかが書いたもので，付録にはエジソンの発明の資料もあり，有用である。

第6章

電灯と電力技術の時代

　今日の電気文明は，巨大な発電機で発生させた電力を多数の需要家まで送るシステムによって支えられている。自励発電機の登場によって大規模電源が可能になったのち，1880年代から，まず白熱電灯照明のために送配電網が建設された。次にこの送配電網を利用して，電動力の使用が広がった。長距離送電による電力輸送が行われ，大規模な電気化学工業が成立した。電気鉄道が拡大し，これにつれて都市が近郊へ拡大した。

　本章では，このような電気エネルギー利用に基づく工業社会と電力技術の発達を見ていく。

1. 白熱電球の発明と配電事業の開始

　1878年から翌年にかけて，イギリスのスワン（Joseph Wilson Swan）と米国のエジソンが，それぞれ実用的な炭素フィラメント電球をつくった。金属線に電気を流すと白熱することは，18世紀の静電気の時代にすでに実験されていた。電池が登場して，照明にアークや細線の白熱を使おうとする試みが方々でなされた。アーク灯がまず実用化され，街路，鉄道の駅，劇場などの照明に使われた。

　アーク灯は，陰極となる側の炭素電極が使用中に減っていく。これを避ける

ために，ヤーブロチコフ（Paul Jablochkoff. ロシア人でパリのブレゲ工場で仕事をした）は炭素棒2本を平行に並べて，間にカオリンをはさみ，直流でなく交流で点灯する"電気ろうそく"を考案した。1877年にはパリのオペラ座地区で彼のろうそくが使用された。また，消耗に応じて電極を移動させて，電極間のギャップを一定に保つさまざまな送り装置がつくられた。図6.1はその例である。アーク灯のメカニズムの発明の考案を見ると，電信機械と同じく，この時期の電気機械製造業が時計師に近かったことがうかがわれる。

1879年には，米国のブラッシュ（Charles Francis Brush）がサンフランシスコでアーク灯による中央発電所方式の電灯照明事業を始めている。中央発電所方式とは，狭い地区の需要家に発電装置を設置するそれまでの方式（ブロック発電所方式）と違って，1ヶ所の発電所から広い地域の多数の需要家に配電するシステムを言う。

アーク灯の光は非常に強いので，屋外や駅ホールのようなところには適しても，家庭のふつうの室内照明には向かず，もっと小さい電灯が望まれた。"電灯の分割"（sub-division of the electric light）が課題となったのである。

電灯の分割には白熱電球が適していたが，その実用化には高温でも切れにくいフィラメント材料，ガラス球内を排気するポンプという2つの開発課題があった。フィラメント材料としては，金属は電気抵抗が低すぎてよほど細くて長いフィラメントにしないといけない（いまでも電球のフィラメントをコイル状にするのは，線の長さを増して電気抵抗を大きくするためである）。ガラス球

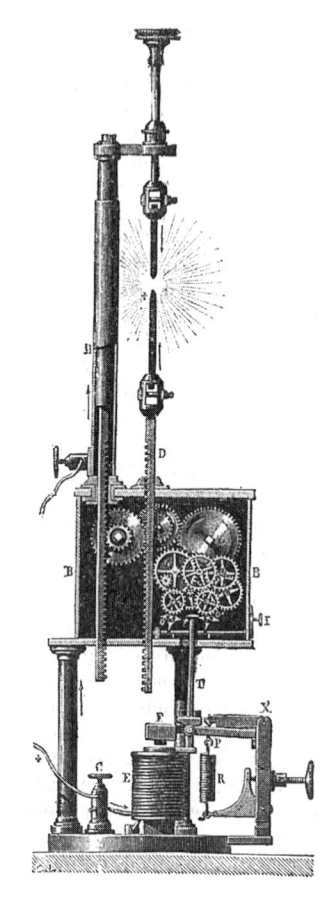

図6.1 デュボスクのアーク灯

内の空気を排気しておかないと，細いフィラメントは電流を流して高温にしたときにすぐ切れてしまう。白熱させても切れにくい白金フィラメントを使うことが多かったが，白金は非常に高価であり，しかもこれでも寿命は短かった。

発明家としてすでに有名であったエジソンは，スポンサーたちから得た資金をつぎ込んで，フィラメント材料の候補をじゅうたん爆撃的に実験した。排気には水銀シュプレンゲル真空ポンプを採用した。こうして，竹や紙を炭化してつくる炭素フィラメント電球が実用電球としてつくられた。ほとんど同時に，スワンも同様の電球製作に成功している。エジソンとスワンは炭素フィラメント電球の発明先取権をめぐって争ったが，のち事業提携して両者間の特許問題はなくなった。エジソンは電気抵抗の高い電球をつくって，これを多数，並列接続で使用することを目指した。この点では，彼はスワンよりもすぐれていた。

エジソンは，炭素フィラメント電球とこれを使う照明システムを1881年のパリ国際電気博覧会に出品し，話題になった。翌82年，ロンドンのホルボーン・ヴァイアダクト（Holborn Viaduct）で中央発電所方式の白熱電灯照明事業を始めた。これはしかし，一時期の実験的性質のシステムであって，同年中に数ヶ月遅れてニューヨーク市のパール・ストリートで開業したのが，エジソンの中央発電所方式の最初の白熱電灯照明事業とされている。パール・ストリート発電所の事業は欠損であったが，以後，中央発電所による配電が方々につくられた。

19世紀はガス灯の発達の時代でもあった。電灯は先行するガス灯のあとを追って実用化した。裸火であるガス灯が，繊維工場や住居の寝室で使用されるのは今日の眼から見れば戦慄すべきことであるが，当時はガス灯が広く使われていたので，これも普通のことであった。電灯はガス灯との競合に勝たなければならなかった。とくにイギリスでは，石炭ガスが安価だったので，電灯の普及は遅々たるものであった。図6.2は，白い蒸気の王と黒い石炭の王が，赤ん坊の電気を自分たちのライバルに育つのだろうかと見ている風刺画である。

6-1 白熱電球の発明と配電事業の開始

図6.2 白い蒸気の王と黒い石炭の王が，赤ん坊の電気を自分たちの
ライバルに育つのだろうかと見ているポンチ絵

2. エジソン

　エジソン抜きに，電気文明の歴史は語れない．本節では，エジソンの生涯と仕事についてまとめて述べよう．

　図 6.3 はエジソンの肖像である．エジソンについては栄光の伝説が多数ある．

列車中で化学実験をして火事を起こし，車掌に頭をなぐられ，それが原因で耳が聞こえなくなったという俗説もある。彼は年とともに耳が不自由になった。これが彼の仕事（発明）への集中を助けたということはあっただろう。エジソンは何日も眠らずに実験に励んだと言われるが，彼の下で働いた人は，エジソンはよくうたた寝をしていたと書いている。事実とは違ってもいろいろな伝説が生まれるだけの理由が，エジソンにあったということが言えるだろう。

図 6.3　エジソン

19 世紀最大の発明家

　トーマス・アルバ・エジソン（Thomas Alva Edison）は 1847 年にオハイオ州ミランで生まれた（1931 年没）。彼の父は貧しい材木兼穀物商人で，先祖はオランダからの移住者であった。エジソンは，学校では出来が悪く，見よう見まねで始めた電気や化学の実験に熱中したのち，16 歳で"トンツー"（モールス符号）の送受信の腕前を頼りに国内を放浪する，電信オペレータとなった。当時の少年たちにとって，このような生き方はふつうのことであり，地方から都会へ出ていくための方法であった。19 世紀半ばの米国は鉄道の大発展時代であり，電信手の需要は増大し，エジソンのような渡り鳥オペレータが多数いた。

　エジソンは 20 歳を過ぎた 1868 年頃から発明の特許を取り始める。69 年には電信オペレータをやめてニューヨークに定住し，発明に専心することになった。電信オペレータから発明家・電気企業家への転身は，当時の電気技術者の軌跡の典型であった。そのほか，元電信オペレータが著名な成功者となった例に，鉄鋼王カーネギー（Andrew Carnegie）や，スタンフォード大学の創立者スタンフォード（Leland Stanford）がいる。

　さて，1876 年にエジソンは，ニューヨーク郊外のニュージャージー州メンローパーク（Menlo Park）に研究所をつくった。のちにエジソンの"発明工

場"と呼ばれるこのメンローパーク研究所で，79年に炭素フィラメント白熱電球が発明された。その後，87年にニュージャージー州ウェストオレンジに研究所を移した。これらエジソンの研究所は，現代の企業研究所のはしりであった。

図6.4は，彼の白熱電球の図である。この図の右上部分のイラストから，白熱電灯は先行していたガス灯の後を追って，ガス配管までそのまま利用しようとしたことがうかがわれる。図6.5は，エジソンのパール・ストリート発電所の内部である。図6.6は，ニューヨーク市におけるエジソンの配電工事を示す。この図の右上のイラストのように，断面が半円形の銅の棒2本を絶縁して鉄パイプに入れたケーブルをつ

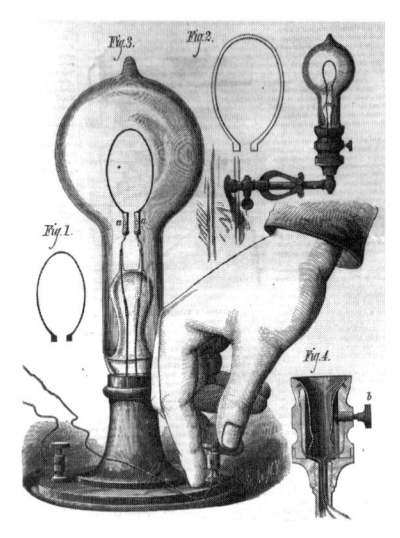

図6.4　エジソンの白熱電灯

図6.5　パール・ストリート発電所の内部

図6.6 エジソンの配電工事

くり，このケーブルを地中に埋設した。エジソンのシステムの特長は，発電機・地中配電線・電球とソケットから課金用の電解式電力量計までを一貫して製造し，電灯の事業体系をつくりあげた点にある。

　白熱電灯・直流配電により華々しい成功をおさめたエジソンであったが，次に登場した交流技術の将来性を見抜くことはできなかった。直流と交流の論争（Battle of the Systems）において，エジソンは彼の築いた直流システムを守るために，交流システムをあらゆる方法で攻撃した。エジソンの関係社員は各地へ派遣され，駅の近くで遊んでいる子どもたちに犬を捕まえてこさせ，見物人を集めて交流で犬を感電させて見せたという。死刑の執行に交流を用いた電気いすが採用されたのもエジソンの運動によるものであった。電圧が同じならば交流でも直流でも感電死する危険性は同じであるが，一度交流が電気いすに使われると，大衆は交流が危険だと信じた。

　しかし，技術の流れを変えることは不可能であり，エジソンの会社は交流システムを推進するウェスティングハウス社（Westinghouse Electric Company. 1886年設立）とトムソン・ハウストン社（Thomson–Houston Electric Company. 1883年設立）に敗北することになる。エジソン社（Edison Electric Light Company. 1878年設立）の資本家たちは，エジソン社とトムソン・ハウストン社の

合併を決定し，エジソン・ジェネラル・エレクトリック社が成立した。これがジェネラル・エレクトリック社（GE）となった。エジソンは結局ジェネラル・エレクトリック社を離れることになるが，同社は白熱電球を武器として企業競争を勝ち抜き，世界最大の総合電機メーカーに成長する[1]。

エジソンの実像

　超人的努力家にして19世紀最大の発明家——栄光と神話につつまれたエジソンの実像について，彼は数学がわからない"目分量の"発明家であって，重要な計算はすべて腕利きのお雇い技術者に代行させていたという説がある。これに対して，彼自身は数学はできなかったが，発明と研究の方向性に関して明確な見通しとセンスを持っていて，数学者を思うがままに使いこなしていたのだ，という別の見方がある。第二の説に従えば，白熱電球に適したフィラメントを大変な試行錯誤の末につくり出したのも，エジソンの発明家としてのセンスと努力の結果であり，メンローパーク以来の研究所創設も，系統立った志向によることになる。しかし，このいずれの説もエジソンの実像からは遠いように思われる。

　たとえば次のような事実がある。エジソンが発見した"エジソン効果"は，エレクトロニクス時代を拓いた二極真空管の検波作用の原理と同一であったが，彼はその重要性に気づかなかった（二極真空管の発明は，1904年のフレミングまで持ち越される）。これは，"常に明確な見通しを持った発明家"という説に疑問符をつける事蹟である。

　さらに，彼は"ペイする発明だけに集中して努力した"とする見方があり，これに従えば，エジソン効果は当時，実用につながる現象ではなかったので，深く追究することがなかったのだと解釈することもできる。しかし，ジェネラル・エレクトリック社から離れた晩年のエジソンが，低品位の鉄鉱石からの製鉄を実用化しようとして，コスト面でまったくの失敗に終わった事実は，この解釈と矛盾する。それに，映画やマイクロホンや蓄音機を発明したエジソンが，ラジオに関心を持たなかったのも，ふしぎなことである[2]。

　これらのエジソンをめぐる疑問のいくつかに，技術史家フリーデルとイズラ

エル[3]は次のように解答している。

「メンローパーク研究所で，実用的白熱電球フィラメントをつくるためになされた努力は，系統立った見通しがあったという意味で"系統的"だったのではなく，じゅうたん爆撃的な試行錯誤を徹底して行うという意味で"系統的"であった。この方法には巨額の費用がかかる。すでに"メンローパークの魔術師"として名声を博していたエジソンには，試行錯誤的実験というむだに必要な資金投入を可能にする有力な資本家グループがついていた。自信に満ちたエジソンは"×年×月までに白熱電球を成功させる"と公言し，資本家たちはそれを信じた。そして，公言したことをエジソンは短期間に実現しなければならず，超人的な勤勉さと集中力を武器としてそれを成し遂げた。エジソンの言うとおりにすれば最後にはうまくいくという，部下からの信頼は確固たるものがあり，彼らは骨身を惜しまず働いた。エジソンの"系統的"方法は，他の発明家たちでも選んだであろう方法であったが，それを可能にする資金やスタッフと超人的な勤勉・集中力で他に差をつけたのである」

注目すべきは，エジソンが新しい次の時代を拓く橋渡しの役割を担った点である。エジソンの発明は，電灯照明，マイクロホン，蓄音機，映画などいずれをとっても，大衆の豊かな生活と新しい文化を拓く手段となった。電灯照明の成功によって本格化した"電気革命"の中で，技術者も，発明家が自ら工場を興すエンジニア・アントルプルヌールから，数学・物理・化学を身につけて会社に雇われて働くコーポレート・エンジニアへと変わった。エジソン自身は前者に属しながら後者を使役したのであり，この意味でも橋渡しの役をしたと言える。

エジソンが去った後のジェネラル・エレクトリック（GE）社技術陣は，大学で学んだ技術者の代表というべきスタインメッツ（Charles Protreus Steinmetz. 1865-1923）らによって指揮・運営された。技術の陳腐化と資本の競争原理によってエジソン社の実権を奪われたエジソンは，電気工業界における産業資本主義の段階から寡占段階への移行を，身をもって味わったのである。

世界の電気機械工業の寡占は，白熱電球の熾烈な価格競争として進行した。GE社は大小のメーカーが参入する市場で覇権を確保するには技術における優

位を継続して保持する必要があると考え，1900年に中央研究所を設立した。所長には，MIT（マサチューセッツ工科大学）を卒業した化学者で，ドイツのライプチヒ大で博士号を取得した32歳のホイットニー（Willis R. Whitney. 米国人）が就任した。車庫の建物ひとつから始まったこの研究所は，メーカーにおける中央研究所として世界最初であった。GE社は大学を卒業した物理学者・化学者を研究所にそろえて，タングステン・フィラメント電球の開発に成功し，世界市場を制覇するのである[4]。

3. 交流技術の登場と長距離送電

アーク灯照明には交流も使われていたが，白熱電灯照明のためのエジソンの配電は直流方式であった。エジソンの配電事業開始から10年も経たないうちに交流システムが追い上げてきた。

電力の需要が多くなり，また，発電所から需要家までの距離が長くなると，電線での電力損失（この損失は，電流の二乗と電線の抵抗の積に比例する）が増大するため，太い電線を使う必要性が出てきた（電線の抵抗は，断面積に反比例する）。直流によるエジソンの配電システムでは，電線の銅のコストが採算のボトルネックとなり，配電できる距離は発電所から4分の1マイル（400メートル）以内に限られた。そこで，電圧を200ボルトに上げたり，三線式配電を使用したりして，小さい電流ですむように工夫した。

三線式は，大地に対してたとえばプラス100ボルトの線とマイナス100ボルトの線を敷設する方式である。需要の負荷がプラス側とマイナス側に均等に振り分けられたとすれば，プラス100ボルトの線とマイナス100ボルトの線のそれぞれの太さ（断面積）は100ボルト二線式の場合の半分ですみ，大地に接続されている中性線は細くできるので銅が大幅に節約できる。1882年に，ホプキンソンが三線式の特許を取っている。しかし，この程度の改良では需要の大幅な増大に対処できなかった。

現代の読者は，交流ならば変圧器によって自由に電圧を上げ下げできるので，長い距離の送電線には交流の高電圧を使い，需要家に分配する配電線には低電

圧を使えばよいことを知っている。直流でも電動機と発電機を組み合わせて用いれば電圧を変えられるが，変圧器のように簡便に使うことはできない。

　電気供給事業に直流・交流のどちらを用いるべきかという論争が1882年頃から激しくなった。直流側のエジソン，ヴェルナー・シーメンス，ホプキンソン，ウィリアム・トムソン（ケルビン卿）に対して，交流側はフェランティ，ウェスティングハウス，カップ，モーディ，エミール・ラテナウあたりが論客であった。

　発電から送電・配電まで（今日ではこれを電気事業という）は大きなシステムなので，投資額は巨大になる。直流システムを自ら開発して成功をおさめたエジソンにとって，交流に切り替えることは，それまでの投資がむだになるので容認できなかった。エジソンは交流が直流よりも危険であると宣伝して，直流システムを守ろうとした。しかし，電気事業の大規模化は，変圧器を使える交流によって推進されるのである。エジソンやシーメンスといった先行開発者が，直流配電に固執して交流配電に反対したのは自然なことであったが，交流技術を推進するウェスティングハウスやAEG（ラテナウの会社）ほか，後発グループの追い上げを許すことになった。

　電灯照明のための電力供給が拡大すると，需要地域の中に発電所を置くのではなく，遠隔地から長距離送電することが考えられるようになった。動力輸送としての電力輸送である（パイプライン，タンカーやタンクローリで石油を運送するのも動力輸送である）。

　フランスのデプレ（Marcel Deprez. 1843-1916）は電力輸送の実験を進め，1881年のパリ国際電気博覧会でこれについて講演した。ドイツ人ミラー（Oskar von Miller）は彼の講演を聴いて感銘し，翌82年にミュンヘンで電気博覧会を開催して，デプレを招いて電力輸送のデモ実験を行った。バイエルン山中のミースバッハで1.5馬力の蒸気機関によりグラム直流発電機をまわし，電信線（鉄線で，電気抵抗は950オームあった）で博覧会場まで57キロメートルを接続し，電動機（グラム発電機を使用）で2.5メートルの滝をつくって観客に見せた[5]。**図6.7**はその様子である。電圧は発電機側で2,400ボルト，電動機側で800ボルトで，送電効率は33パーセントであった。滝をつくるポンプに利

6-3　交流技術の登場と長距離送電

図 6.7　1882 年のミュンヘン国際電気博覧会における
長距離送電による電気滝

用された動力は，約 0.4 馬力であったという。ミラーは当時 27 歳で，ミュンヘン市に務める土木技術者であった。のちにドイツ博物館(Deutsches Museum. ミュンヘンにあり，世界最大にして最良の技術博物館と言われる）を創立した人である[6]。

4. 変圧器の発明

　長距離送電の特長を発揮するには，変圧器で電圧を自由に上げ下げできる交流によらなければならなかった。長距離送電の発展を説明するために，変圧器の実用化について述べておこう。

　ファラデーは鉄線をドーナツ状にした鉄心にコイルを巻いて，電磁誘導の法則の発見に至る実験に用いた。これは変圧器とみなせる。

　実用の変圧器は誘導コイルから発達した[7]。誘導コイルでは，棒状の鉄心にコイルを 2 つ巻き（巻き数の少ない一次コイルと，多い二次コイル），一次コ

イルには電池をつなぐが，途中に振動スイッチ（ブザーのように自動的に断続する）を入れて電流を断続する。その結果，二次側には高電圧が生じる。すなわち，誘導コイルは低電圧から高電圧を発生させる装置である。コイルの電流を断続すると電圧が発生することは，ヘンリーが発見した自己誘導現象そのものである。誘導コイルの出力で大きく長い火花を飛ばすことができるので，誘導コイルは実験講義やデモに好適であった。

誘導コイルは，1836年にページやカラン[8]によって考案された。リュームコルフは，線の絶縁に工夫を凝らし，油浸絹とすず箔でつくったコンデンサを入れて，強力な誘導コイルを製作した。図6.8は彼の誘導コイルである。55年に彼がパリ博覧会に出品した誘導コイルは40センチメートルの火花を飛ばすことができたというから，200キロボルトに近い高電圧を発生したと推定される。

交流送配電の初期には，誘導コイルを何台も直列に接続して使用した。フランスのゴラール（Lucien Gaulard）とイギリスのギブス（J. D. Gibbs）がこの目的につくった誘導コイルは，"二次発電機"（secondary generator）と呼ばれた。電圧調整は，鉄心を出し入れして行うようになっていた。図6.9は二次発電機によるシステムである。誘導コイルの鉄心はリング状ではなく，磁路は閉じていないから，この方式の配電では負荷をかけたときの電圧変動がはなはだ

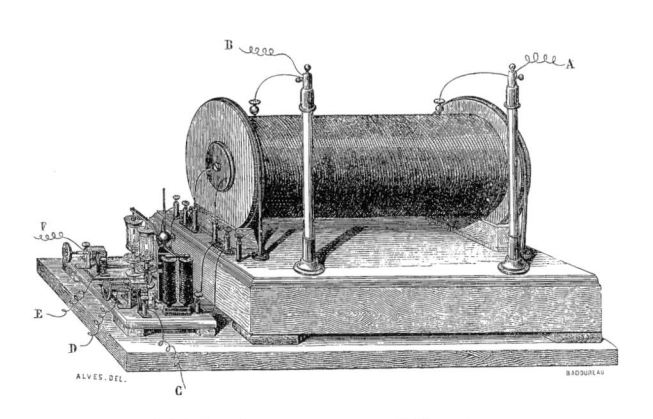

図6.8　リュームコルフの誘導コイル

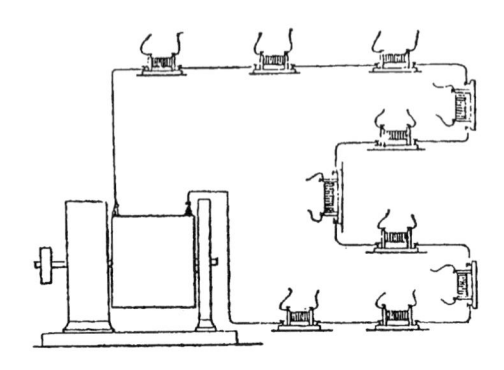

図6.9　ゴラールとギブスの二次発電機と配電システム

しい。しかも，多数の二次発電機を直列に接続するので，1台の負荷状態によって残りの何台もの出力電圧が変わり，今日の立場から見ると不合理である。誘導コイル（二次発電機）を何台も直列に接続して使用すると，電圧に相互の影響（干渉）があることは，1883年にケネディ（Rankin Kennedy. イギリス）によって指摘された。

　ゴラールとギブスは，1882年に二次発電機とこれによる交流配電システムの特許を取った。84年のトリノ博覧会では，二次発電機を使う電力輸送のデモ実験が行われ，アルプス山中から博覧会会場，トリノ駅ほか鉄道の駅，アルプス山中の町の全長50マイル（80キロメートル）に電線路を建設して，電灯をともした。このシステムでは，交流の周波数は134ヘルツであった。ゴラールとギブスの方式による配電システムは，ロンドンのグロブナー・ギャラリ（Grosvenor Gallery）にも建設されたが，満足に運転するには至らず，のちフェランティ（Sebastian Ziani de Ferranti. 1864-1930）の変圧器を使う交流システムに変えられた。ゴラールとギブスのシステムは欠点があったが，ともかくもこうして交流送配電が始まったのである。

変圧器の進歩

　今日につながる閉磁路変圧器は，1880年代中頃に発明された[9]。最初の発明者が誰であったかは，重要な発明の常であるが，諸説がある。

1884年頃に，ハンガリーのガンツ社のデリ（Miska Déli），ツィペルノフスキ（Károly Zipernowsky），ブラティ（Otto Bláthy）が**図6.10**のような閉磁路変圧器の並列使用を考案した。85年に，ロンドンのサウス・ケンジントンで開催された発明博覧会におけるエジソン・スワン社の展示で，デリらの変圧器2台が並列使用された。1,000ボルトを100ボルトに下げる変圧器で，1台の容量は10馬力（約7.5キロワット）であった。米国のスタンレー（William Stanley）も，デリらと同様の発明をしており，逆起電力の概念を使って変圧器の動作を説明した点で，スタンレーは特筆に値する。イギリスのフェランティも実用変圧器をつくり，10キロボルトという当時としては相当な高電圧の交流による送配電システム（デットフォード計画と呼ばれた）を建設した[10]。

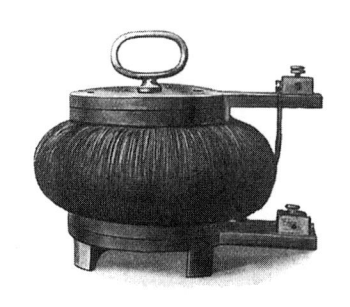

図6.10　デリらの閉磁路変圧器

　変圧器技術は，1890年代前半には現代の水準に近づいた。それまでは，誘導コイルでも変圧器でも，さまざまな形状・構造の鉄心が使われた。磁気回路の理論等が確立するまでは，個々の発明家・製造家が他者との差別化と自己主張のために，独自の構造を採用したのである。

　これらが今日のような形に落ち着くさまは，フレミングの『交流変圧器』（*The Alternating Current Transformers*）[11]に見ることができる。同書には，ステップ・アップ変圧器とステップ・ダウン変圧器，コア・タイプ（内鉄型）とシェル・タイプ（外鉄型），積層鉄心の鉄板の相互絶縁方法，もれ磁束，鉄心のヒステレシス損，うず電流損，抵抗損，鉄損と銅損，全日効率，一次巻線と二次巻線間の静電容量，励磁電流，抵抗降下とリアクタンス降下といったことが解説されている。

　変圧器の実用化に続く1890年代は，交流技術の確立時代であった。交流の回路では電圧と電流に位相差があり，その計算は直流回路と違って簡単ではない。1893年頃に，ケネリ（Arthur Edwin Kennelly. 1861-1939. イギリス人で米国でも仕事をした）やスタインメッツによって交流理論が形成され，以後，交

流回路の計算ができるようになった。これら交流理論の形成によって，物理学とは違う電気工学が最終的に分立したと言うことができる。

5. ウェスティングハウス，テスラ，ナイヤガラ水力電気

1896年には，米国でナイヤガラ瀑布の水力を使って発電し，バッファローまで送電されるようになった。この事蹟を，米国で交流技術の開発を推進し，ナイヤガラの電気設備を担当したウェスティングハウス社の歩みと併せて述べよう。

ウェスティングハウス（Geroge Westinghouse. 1846-1914）は鉄道用空気ブレーキを発明した機械技術者である。彼のユニオン・スイッチ・アンド・シグナル社（Union Switch and Signal Company. 1881年設立）の電気部門が1886年に分離して，ウェスティングハウス社（Westinghouse Electric Company）となった。ウェスティングハウスはピッツバーグで豊富に出る天然ガス開発に従事し，このときの，ガスを高圧力で輸送し低圧力にして分配した経験が，高電圧送電と変圧器による低電圧配電事業を推進する素地になった。

1886年末までに，ウェスティングハウスは変圧器並列使用による交流白熱電灯システムを商用化した。そこでは，電球を50ボルトで点灯し，配電は1,000ボルトで行った。このように電球の20倍の電圧で配電することは，エジソンの直流システムではとうてい不可能であり，交流システムの優位は明らかであった。

しかし，課金用の積算電力計に交流では適当なものがないことが，交流による配電事業の難点であった。エジソン方式の電気分解による積算電力計は交流では使えなかった。ウェスティングハウス社の技師長シャレンバージャ（Oliver B. Shallenberger）は1888年に誘導式の積算電力計を発明し，この困難を打開した。これは，誘導電動機と同じく，うず電流（フーコー電流）の原理に基づくもので，その後ながく積算電力計の主流となった[12]。

1893年にシカゴで開催されたコロンブス記念世界博覧会では，おおよそ20万灯の照明設備にウェスティングハウス社の交流システムが採用された。

ウェスティングハウスはエジソンの高抵抗白熱電球の特許を侵害しないように，電圧50ボルト（エジソン・システムの半分）の電球を用いた。同様に特許係争をおそれて，電球は封じ切りでなく摺り合わせで密閉した。これをストッパー（stopper）電球といった。摺り合わせ密閉電球など，今日のわれわれには合理的とは思えないが，相当に広く使われてエジソン電球のライバルとなった。

　ウェスティングハウスは，標準的な16キャンドルパワーのストッパー電球を30セントで販売し，これはエジソン電球の半額であった。ストッパー電球2個がコロラドのあるホテルで18年間使用されたと伝えられる。これらのエピソードから，特許をツールにした企業間競争の熾烈さがうかがわれる。

　誘導電動機の発明について述べておこう。電力の利用における直流と交流の論争では，交流ではよい電動機がないのが交流派の弱点であった。本書で説明してきたような電動機（整流子電動機）を交流でまわすと，整流子でひどい火花が出て，実用には困難がある。火花による整流子・ブラシの劣化は，交流の周波数が高いほどはなはだしい。

　クロアチア生まれのセルビア人テスラ（Nikola Tesla. 1856-1943）は“火花の出ない電動機”を夢想し，米国に来てからこれを実現した。彼は二相交流（位相が90°違う2つの波からなる）で回転磁界をつくってまわす誘導電動機を発明した。1885年から89年の間に，彼のほかイタリアのフェラリス（Galileo Ferraris），ドイツのドリヴォ・ドブロヴォルスキ（Michael O. von Dolivo-Dobrowolsky. 1862-1919）が，それぞれ誘導電動機を発明した。

　電動機は，電気扇やミシンといった小規模な用途に，電池を電源として使われていたが，電灯照明のための配電が行われると，これを電源として使用するようになった。配電により，工場や事務所だけでなく，家庭でも電熱や電動力が使えるようになった。電気式のアイロン，扇風機，ストーブ，ポット，オーブン，トースター，掃除機，シガレット・ライター，孵卵器ほか，さまざまな家庭電化・農事電化商品のアイデアのほとんどは，19世紀末までに現れている。1890年までに，米国において，電動機の利用は相当に一般化した。

　誘導電動機は始動トルクが小さいので電車やクレーンなどには向かないが，

その他への応用には使えた。テスラの誘導電動機には，二相交流が必要であった。のちに単相交流で動作する誘導電動機が考案された。誘導電動機は安価で堅牢であって，今日では交流の相数のいかんにかかわらず，もっとも広く使われている。

ナイヤガラ水力開発計画

　ナイヤガラの水力は巨大であって，しかも五大湖のうちの4つが貯水池になっているので，水量の変動がなく非常に安定している。米国人口の5分の1がナイヤガラから400マイル（640キロメートル）以内の地域に住んでいて，25万人の都市バッファローが20マイル（32キロメートル）のところにあった。動力として開発するのにはこのように魅力のあるナイアガラ水力であるが，その巨大さのゆえに，水車をまわして得た動力をロープやベルトで伝えるような在来の方式では，本格的な利用はできなかった。さらに，1885年から景観保護の規制がされて，近傍に工業地域を設けることができなくなった。

　ナイヤガラ水力開発計画は1886年から始められた。出資者にはモルガンやヴァンダービルトといった財界の大物がそろっていた。当初の計画では，動力輸送に圧縮空気を使うことになっていたが，電力輸送に変更され，しかも多相交流を採用した。実績のある直流方式でなく，発達途上の交流に決定したのは大胆な判断であった。

　このプロジェクトにはエジソン・ジェネラル・エレクトリック社への出資者も参加していたが，技術の選択に関しては交流に決まった。ナイヤガラ・プロジェクトの国際諮問委員会のケルビン卿は直流派であって，この決定に対し彼が電報で翻意を求めるというひとこまもあった。

　1891年にウェスティングハウス社がテルライド（Telluride）で米国最初の交流による水力発電設備（約100馬力［73キロワット］を単相3キロボルトで4マイル［6.4キロメートル］送電）を建設し，93年にはシカゴ世界博覧会で同社の交流電灯照明設備が使われて成功をおさめた。後述する91年のドイツのフランクフルト国際電気博覧会での三相交流による高電圧送電デモも，ナイヤガラでの交流採用に影響を及ぼした[13]。

ナイヤガラの電気設備の大半は，交流機器技術のリーダーであるウェスティングハウス社が受注した。エジソン・ジェネラル・エレクトリック社は，交流機器のデザインは作成できても，製造実績に乏しかった。1893年には，ウェスティングハウスの青写真が持ち出されて，エジソン・ジェネラル・エレクトリック社に渡るという企業スパイ事件も起きた。

　1896年，25ヘルツ・20キロボルトの二相交流で，ナイヤガラ水力から送電が開始された。この豊富な電力を使用して，カーボランダム，ソーダ，アルミニウム製造などの電気化学・電熱工業が勃興した。毎日24時間連続で大量の電力を消費する電気化学工業は，電力会社にとって絶好の顧客であった。電気化学工業は電力を電気そのものとして，あるいは電熱として消費するので，電動機に弱点をかかえていた交流システムにとってはありがたい需要家であった。

6. 三相交流の発達

　今日の大規模送電では，二相ではなく三相の交流を使用している。三相交流の発達を説明するために，まず，交流の周波数と相数について述べよう。

　交流の周波数として，ウェスティングハウスは60ヘルツが適当であると考えていた。交流の周波数が高いほうがよいか・低いほうがよいかについては，相反する要素がある。

　周波数が高いほうが望ましいことから挙げていくと，まず，電灯のちらつきが少ない。周波数が高いと，変圧器ほかの鉄心が小さくてすむ。

　逆に周波数が低いほうが望ましいこととしては，直流とほぼ同じに扱えることがある。周波数が低ければ，直流と同じ電動機（整流子電動機）を何とか使える（今日でも電気掃除機や電気ドリルはこの方式である）。リアクタンスの効果のように交流独自の現象は周波数が低ければ目立たないので，当時の技術者にとっては低周波のほうが扱いやすかったであろう。誘導電動機の回転数は周波数に比例するので，いちばん簡単な二極誘導電動機は回転数が大きくなりすぎる（60ヘルツであれば毎分3,600回弱である）。ナイヤガラの25ヘルツはじめ，初期の交流システムに低い周波数が選ばれたのは，電動機の使用を考

慮したからである。

　歴史上では，16²⁄₃, 20, 25, 33, 40, 50, 60, 66²⁄₃, 80, 100, 125, 132ヘルツといったさまざまな周波数が使われた。鉱山や工場の電気設備を請け負った電機メーカーが，一種の自己主張として個々に周波数を選んだことも，このような結果をもたらした。今日でも，ヨーロッパの古い電気鉄道は16²⁄₃ヘルツの交流を使っている。誘導電動機が登場し，また，交流を直流に変換する回転変流機が発達して（交流で受電しても，回転変流機で直流に直せば直流電動機が使える），米国では，大規模な交流系は60ヘルツにほぼ統一された。

　二相交流は位相が90°違う2つの波からなり，三相交流は位相が120°ずつ違う3つの波からなる。二相交流と三相交流を併せて多相交流という。ウェスティングハウス社のスコット（Charles. F. Scott）が二相交流と三相交流を変圧器で変換する方式（スコット結線）を発明して，両者および単相交流を変換して使えるようになった。三相交流は，完全な回転磁界を簡単につくることができるので誘導電動機をまわすのに適しており，今日まで送電には三相交流が広く使われている。

　三相交流技術の実用性が，1891年にドイツのフランクフルト・アム・マインで開催された国際電気博覧会における高電圧交流三相長距離送電デモで示された。このデモは，ミラー，C. E. L. ブラウン（エリコン [Oerikon] 社，このデモの直後にブラウン・ボベリ社を設立．スイス），ドリヴォ・ドブロヴォルスキ（AEG社）らによって行われた。ネッカー河畔のラウフェンから170キロメートルを，24ヘルツの三相交流の約25キロボルト（対地電圧14-15キロボルト）で送電した。送電電力は180馬力（約135キロワット）で，送電効率は75パーセントであった。博覧会後，このシステムは実用に使われた[14]。

　水力電気は"白い石炭"（white coal）と呼ばれ，山間部で水力を開発して，大都市の消費地まで送電するようになった。今日の電力系統では，山間部に水力発電所，地方に原子力発電所，巨大都市や大工業地帯から少し離れたところに火力発電所を設備し，需要地まで高電圧で送電する。国境を越えての電力網連携や融通も行われている。**図6.11**に送電電圧上昇の足どりを示しておく。

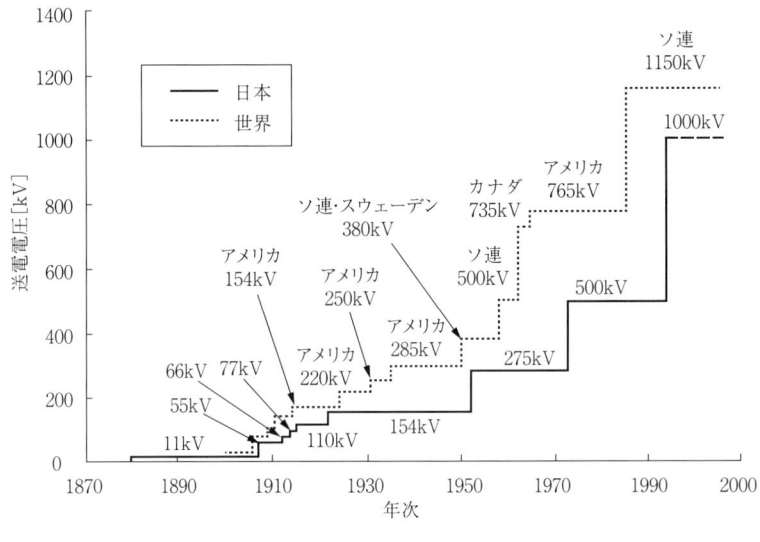

図 6.11　送電電圧の上昇

7. 現代の直流送電

　今日では，高電圧送電には三相交流だけでなく，一部分では直流も用いられている。広い地域にわたる電力網では，交流の場合，小さな不安定が波及して全系が停止することがある。大きな系の途中に，直流による接続を入れておくと，事故の波及を防止できる。

　鉄塔にがいしで電線を吊る架空線ではなく，地中に敷設するケーブルで送電する場合，ケーブルの絶縁物の誘電損による発熱が問題になる。誘電損は電圧の2乗に比例するので，交流ケーブルでは電圧をある程度以上は高くできなくなる。充電電流も大きくなり，これも電圧を制限する。こういうわけで，電圧1メガボルト以上の長距離送電には直流が有利である。

　直流では変圧器を用いることができないから，電圧を上げ下げできない。この難点は，水銀整流器あるいはシリコン制御整流器（サイリスタ）による直流・交流変換装置（コンバータ）によって解決された。送電系に直流部分を挿

入した最初は，1954年のスウェーデン本土とゴットランド島間の100キロメートルである。ここでは，コンバータには水銀整流器を使い，海底ケーブルにより100キロボルトの電圧で20メガワットの電力を送電した。シリコン制御整流器の商業生産が58年に開始され，これを使う大電力・高電圧のコンバータが開発された。

8. 電車と電気鉄道

交通機関に電動力を使うアイデアは，1830年代からあった。ヤコビのモータボート，ダビッドソン，ページの電気機関車は，50年代までのこの種の試みである。

1879年のベルリン産業博覧会でヴェルナー・シーメンスが電車を走らせた。これが最初の電車とされている。150ボルトの直流で約3馬力の電気機関車を動かし，6人が座れるベンチ車を3台引いて，300メートルのループ線路を時速6から7キロメートルで走った。給電線はレールの中間の溝に設けてあり，大きさは，お猿の電車程度であった。5月31日から9月30日までに86,398人が乗ったという。市川市の千葉県立現代産業科学館で，図6.12のようなこの機関車のレプリカを見ることができる。

同じく，シーメンスが1881年にベルリン郊外のリヒターフェルデ（Lichterfelde）の2.5キロメートルの区間で，4輪の市街電車を走らせた。時速30キロメートル程度であった。2本のレール間に直流180ボルトの電圧をかけて給電したので，両方にさわると感電の危険があったが，これが世界最初の市街電車の営業運転であった[15]。

米国では，1887年にスプレーグ（Frank Julian Sprague. 1857-1934）[16]がリッチモンドで市街電車を試運転し，翌年に安定した運転が始まった。彼は車両の床下で車軸を駆動する電動機を開発するとともに，複数の電動機を，スタート時には直列に，スピードが上がったら並列に接続する方式も考案した。市街電車は彼のこれらの工夫によって，鋼索で引くケーブルカー（米国サンフランシスコでは現在でもこれが市内交通に使われている）や馬車鉄道よりも優位に

図 6.12　千葉県立現代産業科学館にあるシーメンス電気機関車のレプリカ

立った。

　スプレーグはまた 1895 年頃に，連結した多数の車両の電動機を先頭の車両のコントローラで制御する総括制御（multiple–unit system of control）を開発した。列車を機関車で牽引すると重い機関車が必要になるので，線路を丈夫につくる必要がある。都市に高架鉄道が建設されるようになると，重量を多数の車両に分散させることが求められ，車両に電動機をのせる電車が機関車牽引よりも有利になった。総括制御はこれに必要な技術であり，多数の車両を連結した高速電車に今日まで用いられている。

　米国のスプレーグ社（Sprague Electric Railway and Motor Company）は市街電車でトムソン・ハウストン社と並んでトップの位置を占めていたが，のち，エジソンの系列下に入った。スプレーグ 6 型モータは，電車用電動機の完成というべき製品で，1888 年から 92 年の間に 4,000 台以上が売れた。92 年のエジソン・ジェネラル・エレクトリック社とトムソン・ハウストン社の合併ののち，ジェネラル・エレクトリック社からスプレーグ・モータの名は消えた。スプレーグはその後，電動エレベータに重要な貢献をした。

　1890 年には，ロンドンの地下鉄の電化が始まった。これが世界で最初の電気式地下鉄である。直流 500 ボルトを第三レールで給電して，電気機関車を動

かした。それまでロンドンの地下鉄は蒸気機関車で牽引していた。電化されたことによって、地下鉄はずっと快適になった。

　米国では、1890年代にたいていの大都市で市街電車が走るようになった。都市郊外へ電気鉄道が延長され、近郊が住宅地として開発された。海岸の保養地が大衆化し、20世紀の初年には、多くの大都市郊外にレジャーパーク（遊園地）が現れた。19世紀末につくられたコニーアイランド（Coney Island）はそのはしりであった[17]。このように、電気鉄道は市民の生活と娯楽のツールになった。さらに1900年頃には、欧米で幹線鉄道の電化が始まった[18]。

1881年のパリ国際電気博覧会

　史上初の国際電気博覧会が1881年にパリで開催された。このときに，欧米諸国の学者を集め，国際電気会議が開催された。今日使われている電気の単位の名称と記号が，この会議で決まった。この博覧会は，物理学から独立し電信工学を越えた電気工学が成立する里程標となった[19]。

　パリ国際電気博覧会は，1881年8月11日から，シャンゼリゼーに面した産業館（Palais de l'industrie. 1855年に万国博覧会のためにつくられた）で開催された。

　フランスのほか，オーストリア，ベルギー，イタリア，ロシア，スウェーデン，ノルウェー，スペイン，ハンガリー，スイス，オランダ，米国からの参加があった。オランダからは，第2章で紹介したマールムの装置も出品された。当時発達中の各種電信機のほか，新発明であった電話や電灯が展示された。白熱電球による照明の実用化が期待され，エジソンほか何人かの発明家の白熱電球や，これに電力を供給する発電機が出品された。

　この博覧会では，オペラ座の舞台公演の音を博覧会場で電話で聴かせた。下図はこの様子である。

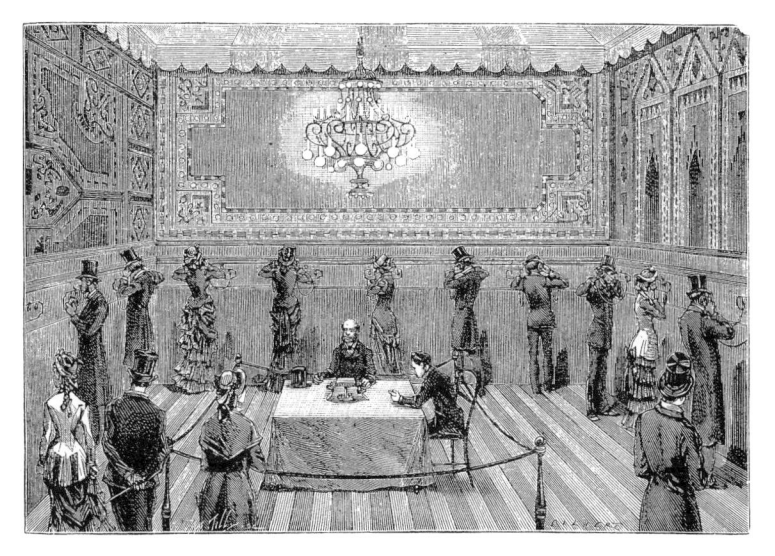

〈1881年のパリ国際電気博覧会において電話でオペラを聴く人たち〉

エジソンはこの電気博覧会に炭素フィラメント白熱電球を使用した照明システムを出品して話題になった。彼の展示が注目されたのには，次のような事情があった。エジソンはフランスの著名な電気学者デュ・モンセル（Theodore du Moncel）と交渉し，彼が編集・刊行している電気雑誌『ラ・リュミエール・エレクトリーク』（*La Lumière Électrique*）誌上に，エジソンの出品を高く評価する記事を書かせたのである[20]。

それまではヨーロッパではエジソンを"大口たたき"と見る向きもあり，電気雑誌もエジソンに好意的でなかった。デュ・モンセルの記事とパリ国際電気博覧会に展示されたエジソン・システムの実物は，エジソンへの疑念を消す効果があった。このように，成功のかげにエジソンの周到な計算と準備があったのである。

こうして，ヨーロッパにおけるエジソンの名声は高まった。のちに米国 GE 系の会社がイギリス，ドイツ，フランスに設立されるが，その素地がパリ国際電気博覧会でつくられたと考えてよいであろう。

翌 1882 年に，エジソンはロンドンのホルボーン・ヴァイアダクトに中央発電所方式の白熱電灯照明設備をつくった。

この博覧会で，デプレは長距離送電について講演した。若いドイツ人ミラーがデプレの講演を聴いて感銘したことが，翌 82 年のミュンヘン国際電気博覧会開催につながった。ミュンヘン国際電気博覧会では，デプレを招いて電力輸送のデモ実験を行った。長距離送電の歴史では必ず語られるひとこまである。

以上のように，国際電気会議，単位・標準，ヨーロッパのエジソン系企業，長距離送電といった文脈においても，パリ国際電気博覧会は重要である。こうして，電気学は国際的な学問として認められ，国際通商に使われる技術となった。

第7章

電気技術の世界の形成と拡大

 19世紀中葉から世紀末にかけて,電信・電話と電灯照明という電気の大規模応用が登場し,今日の電気文明の基礎ができた。これに続く20世紀は,無線とエレクトロニクスの時代である。20世紀の歴史を述べる前に,ここまでの電気技術について,その特質などをいくつかの角度から検討してみよう。

 電気技術は,1870年代までの電信技術を母体として形成された。この頃から,電気技術者を養成し再生産する学校,学会,雑誌が現れた。電気の標準・単位もつくられた。本章では,こういった電気技術の制度(institution)の面から,電気技術の世界の形成と拡大を見ていく。世界の電機メーカーの起源についても述べる。

1. ウィリアム・スタージャンと『電気・磁気年報』およびロンドン電気協会

 まず,世界最初の電気ジャーナルであるスタージャンの『電気・磁気・化学年報』(*Annals of Electricity, Magnetism, and Chemistry.* Sturgeon's *Annals of Electricity* と略称される)と,世界最初の電気専門の研究団体であるロンドン電気協会(London Electrical Society)について述べよう[1]。

 スタージャンの『年報』は,1836年10月から43年6月まで刊行された。

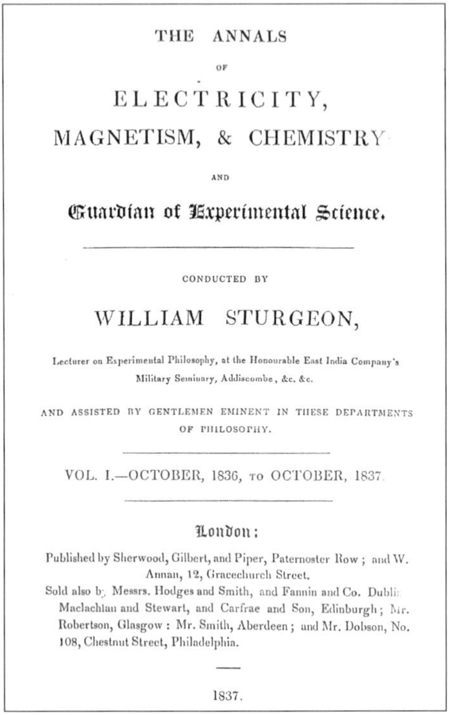
THE ANNALS

OF

ELECTRICITY,

MAGNETISM, & CHEMISTRY

AND

Guardian of Experimental Science.

CONDUCTED BY

WILLIAM STURGEON,

Lecturer on Experimental Philosophy, at the Honourable East India Company's Military Seminary, Addiscombe, &c. &c.

AND ASSISTED BY GENTLEMEN EMINENT IN THESE DEPARTMENTS OF PHILOSOPHY.

VOL. I.—OCTOBER, 1836, TO OCTOBER, 1837.

London:

Published by Sherwood, Gilbert, and Piper, Paternoster Row; and W. Annan, 12, Gracechurch Street.
Sold also by Messrs. Hodges and Smith, and Fannin and Co. Dublin; Maclachlan and Stewart, and Carfrae and Son, Edinburgh; Mr. Robertson, Glasgow: Mr. Smith, Aberdeen; and Mr. Dobson, No. 108, Chestnut Street, Philadelphia.

1837.

図 7.1　Sturgen's *Annals of Electricity* の第 1 巻

図 7.1 は，その第 1 巻の扉である。彼はまた，ロンドン電気協会を 37 年に設立した。第 4 章に見たような，夢の動力源としての電動機への期待が，スタージャンの『年報』とロンドン電気協会のスタートにつながった。ページ，ダベンポート，ヤコビ，ド・ラ・リヴはじめ，米国やヨーロッパ大陸の研究報告をいくつも転載していて，当時の科学界の有力な情報源であった。電気史の史料としても，スタージャンの『年報』は重要である。

ロンドン電気協会は，スタージャンがロンドンの E. M. クラーク（初期の手回し発電機をつくった）の科学器械製作所で講演したことがきっかけとなって，これに集まった人たちで 1837 年 5 月 16 日（火）に設立された。のち，会場として，スタージャンが講師をしていたアデレード・ギャラリ（Adelaide Gallery of Practical Science）を使うようになった。ここは科学知識普及のための演示博物館で，ホイートストンが34年に電気の速度について実験し，ファラデーが38年に電気ウナギ（スリナムで捕獲され，体長40インチ［1メートル］あった）を観察した場所である。ロンドン電気協会で発表された論文のうちにも，この電気ウナギとこれが死亡したときの解剖の記事がある。

　スタージャンは1840年にマンチェスターに移り，ロンドン電気協会の活動は，空白期のあと41年に再開された。40年には，電流の熱作用に関するジュールの論文が発表され，夢のエンジンという電動機への期待がこわれた。この夢の終末は，スタージャンがロンドン電気協会から去るきっかけとなったと推測される。

　以後，1843年に解散を決定するまで，ウォーカーがリーダーシップをとり，会場はロイヤル・ポリテクニック・インスティテューション（Royal Polytechnic Institution. アデレード・ギャラリに似た施設）を使用した。スタージャン時代（前期）にも，ウォーカー時代（後期）にも，同会の例会の講演録が刊行・出版されている。同会の解散後，ウォーカーは『エレクトリカル・マガジン』（*Electrical Magazine*）を43年から刊行した。これはロンドン電気協会の例会講演議事録の続編と見られるが，45年までしか続かなかった。同会の会員は前期・後期とも60名程度で，そのうち大略半数がロンドン在住会員であった。

　スタージャン[2]は長靴職人で，砲兵隊志願兵であった間に独学で物理・化学・外国語ほかを学び，兵士勤務をやめたあと，長靴つくりのかたわら機械器具製作を始めた。この器械製作を通じて，彼はマーシュ（James O. Marsh），バーロー，クリスティ，グレゴリー（Samuel Olinths Gregory）らと知り合った。マーシュはウリッジ（Woolwich）にあるロイヤル・ミリタリー・アカデミーの助手で，ここにファラデーが講義に来たときにはその助手を務めた。

　バーローとクリスティは，同アカデミーの教師であった。バーローは，バーローの輪の発明者であり，数表作成者としても名を残している。クリスティは，ケンブリッジ大学を卒業した科学エリートで，電気測定用ブリッジを発明した（1833年）。彼は，1766年にオークション業を始めたジェームズ・クリスティ

(James Christie）の子である。

スタージャンは，マーシュらのおかげで1824年にアディスコム（Addiscome）にある東インド会社のミリタリー・セミナリの実験講師になった。25年には電磁石などの電磁機械器具製作を認められて，イギリス産業振興協会から銀メダルと賞金を授与された。彼は世界最初の電磁石や回転式電動機の製作者で，電池の負極板を水銀アマルガムにして長寿命化する発明もしている。40年から，マンチェスターのビクトリア・ギャラリー（Victoria Gallery of Practical Science. アデレード・ギャラリに似た施設）の実験講師になった。スタージャンよりも年下であったジュールは，スタージャンのよい友人であったようで，病苦と貧困のうちにあった晩年のスタージャンに政府から下賜金が与えられるよう運動した。

世界初の電気専門団体

ロンドン電気協会は世界最初の電気関係の専門団体であったが，短命に終わり，学会に成長することもなかった。同会のメンバーのほとんどは，電気に興味を持ってはいたがこれを職業とする科学者・技術者ではなかった。電信業が拡大して電信技術者が多数現れ，電信の学会ができるのは，その後約30年経ってからであった。ロンドン電気協会はエリート科学者よりもアマチュアを集めた団体であり，会員の社会階層は高くなかった。スタージャン自身は今日から見れば電気史上の重要な功労者であるが，当時の科学者エリート世界から見ると周辺の人物に過ぎなかった。ロンドン電気協会には彼のようなマージナルな人が多く集った。バーローやクリスティらは電磁気学上に名を残した人々で，ロイヤル・ソサエティ会員に選ばれているが，スタージャンの知人であるにもかかわらずロンドン電気協会には参加していない。

ロンドン電気協会会員のうちで，今日から見てもっとも有名なのはジュールであろうが，彼は地方在住の若いディレッタントで，マンチェスター近くのソルフォード（Solford）の醸造家の息子であった。ジュールの最初の研究報告が，スタージャンの『電気年報』に掲載されている。スタージャンはジュールに発表の場を提供して応援したが，そのジュールがスタージャンの『電気年

報』に発表した論文が電動機への夢を砕く結果になったのは，皮肉と言うほかない。

　ロンドン電気協会の創立者スタージャンは，独学で歩んできたせいか雅量に欠けるところがあり，ロンドンのエリート科学者との関係は必ずしも良好でなかった。彼は『電気年報』の刊行者として欧米諸外国では有名であったが，ファラデー（ファラデーも出自の階層は低かったが）に無理やり論争を挑んだりすることがあった。

　後期のロンドン電気協会主宰者ウォーカーは後年，上述のように鉄道会社の電信技術者として相当の仕事をし，ロイヤル・ソサエティの会員に選ばれ，1876年にはイギリス電信学会（後出）の会長を務めた人物である。しかし，ロンドン電気協会の頃には，彼はまだエリート科学者の世界の外にいた。社会階層の低いメンバーが主力で，しかもエリート科学技術者たちとの関係が良好でないのでは，ロンドン電気協会が短命に終ったのも当然と言えるであろう[3]。

2. 学会と雑誌

　電信事業が始まると，多数の電信技術者が現れ，彼らの団体が設立される。スタージャンのロンドン電気協会と異なり，職業の基盤に立つ電信学会は永続し，電気学会となって今日に至っている。イギリス電気学会はこの例である。

　イギリス電信学会（Society of Telegraph Engineers）は1871年に設立された。これが専門の職業団体としての世界最初の電気学会である。同会の名称は81年にSociety of Telegraph Engineers and of Electriciansとなった。1880年代に入って電気に従事する技術者が電信以外に広がってきたことが，この改称に反映している。さらに89年にはInstitution of Electrical Engineersと改称し，これが今日のイギリス電気学会である[4]。なお，同学会は2006年からは，Institution of Engineering and Technologyとなった。

　1879年にはベルリン電気学会（Elektrotechnischer Verein/ETV）が設立され[5]，これが93年にフランクフルト・アム・マインの電気技術協会（Elektrotechnische Gesellschaft/ETG. 1881年設立）などと連合して，ドイツ電気

学会(Verein Deutscher Elektrotechniker/VDE)となった。他の欧米諸国における電気学会の設立は80年代以後で，83年にフランスとオーストリア，84年に米国とベルギー，87年にイタリア，88年にスウェーデン，89年にスイスで設立された。これら80年代に設立された学会は，すべて電信学会でなく電気学会と名乗っていた。フランス電気学会は81年のパリ国際電気博覧会開催をきっかけに成立し，当初は国際電気学会(Société Internationale des Electriciens)と称していた。日本の電気学会は88年に設立された。

　84年に米国のフランクリン協会(Franklin Institute)がフィラデルフィアで国際電気博覧会を開催することになり，その準備というきっかけがあって米国電気学会(American Institute of Electrical Engineers/AIEE)が設立された。設立の主唱者キース(Nathaniel S. Keith)は電気冶金技術者で，フィラデルフィア国際電気博覧会審査員を務め，雑誌『エレクトリカル・ワールド』(*Electrical World*)の編集者であった。初代会長には電信会社ウェスタン・ユニオンの経営者グリーン(Norwin P. Green)技師が選ばれ，キースは書記(Secretary)を務めた。AIEEにはまだ電信工学の母斑が残っていたが，電信に限らず電灯ほか多くの分野に電気技術が伸びていくことを確信して，米国電気学会という名称で出発したのである。のち，1912年に米国ラジオ学会(Institute of Radio Engineers/IRE)が設立され，AIEEとIREが合併して63年に米国電気電子学会(Institute of Electrical and Electronics Engineers/IEEE)が成立した[6]。IEEEは米国だけでなく全世界に多数の会員を有し(会員総数は約37万人)，文系・理工系を通じて世界最大の学会である。

　次に，電気学会関係の学会誌と商業誌について述べよう。上記の学会はいずれも創設後まもなく機関誌を刊行した。世界最初の電気学会誌は1872年発刊のイギリス電信学会誌 *Journal of the Society of Telegraph Engineers* で，図7.2はその創刊号の扉である。

　電信・電気関係の商業雑誌(trade journal)はこれより早くから刊行されている。商業電気ジャーナルでいちばん古いのは1861年からのイギリスの『エレクトリシャン』(*Electrician*)であであろう。これは，78年発刊の『エレクトリシャン』とは別である。19世紀以来，電気技術者のことをエレクトリシ

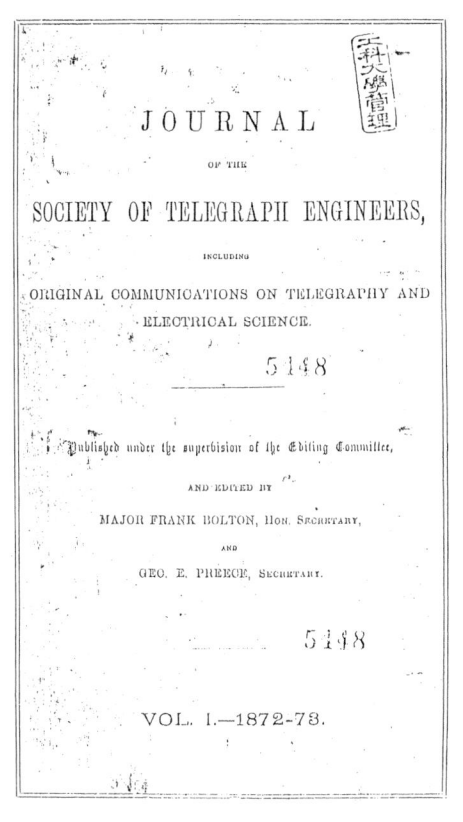

図7.2 イギリス電信学会機関誌創刊号

ャンと呼んでいて，エレクトリカル・エンジニアと言うようになったのは後年のことである。1860年代には米国で『テレグラファー』(Telegrapher)，『ジャーナル・オブ・テレグラフ』(Journal of Telegraph)，70年代にはイギリスで『ジャーナル・オブ・テレグラフ』，米国で『オペレータ』(Operator)といった電信技術者のための商業雑誌が発刊された。その中には『エレクトリカル・レビュー』や『エレクトリカル・ワールド』という電気ジャーナルの大手として継続しているものもある。これらの誌名の変遷からも，電気の応用技術がまず電信工学として成立し，のちにこれが電気工学となったことがわかる。日本の電気ジャーナルの最初は，1891年（明治24）年に加藤木重教が発刊し

7-2 学会と雑誌

た『電気之友』である。

3. 電信学校

　電信・電気技術者を生産する学校の起源について述べよう。電気技術教育も電信教育として始まった。電信事業は大ネットワークであるから，非常に多数のオペレータ・監督技術者などの要員を短期間に創出する必要があった。

　電信オペレータ・監督技術者の養成は，まず現場でのオン・ザ・ジョブ・トレーニングとして行われたが，1850年代には欧米諸国の電信庁が電信学校を開設した。1854年にフランス電信庁が電信学校を設けた。イギリスでは57年に軍の工兵隊電信学校がチャタム（Chatham）に創設された。59年には，プロイセン（ドイツ）電信庁の電信学校がベルリンにつくられた。68年以来，イギリスのロンドンには私立の電信・電気学校があり，ハモンド（Hammond）社の学校はその例である。日本では，1871（明治4）年に工部省電信寮に電信修技学校が置かれた。

　19世紀中葉までは，電気学は独立した個別の学というよりも物理学や化学の一部とみなされていたが，1850年代には工業学校で物理学の教授が電気学ないし応用電気学を講じることが始まった。電気学は，1855年にスイス・チューリヒ工業学校のクラウジウス（Rudolf Clausius）によってはじめて講義が行われた。同年にドイツのカールスルーエ工業学校のマイディンガー（Johann Heinrich Meidinger）が応用電気学を講じた。68年にはヴィーンでライトリンガー（Edmund Reitlinger）が応用電気学を講じた。

　1860年代にはドイツの工業学校で電信学の講義が行われるようになった。69年のハノーファのロホリッツ（Rochlitz）の講義はその例である。76年にはドレスデン工業学校でツェッチェ（Karl Eduard Zetsche）が電信学教授になっている。

第7章　電気技術の世界の形成と拡大

148

4. 電気技術の学校の成立と拡大

次に，電気技術の独立の学科の成立と拡大について見ていこう。高等教育レベルの電気教育の学科の最初は，1873（明治6）年に設置された日本の工部大学校電信科である。その教授エアトン（イギリス人）は世界最初の電気工学の教授であり，1879（明治12）年の第1回卒業生志田林三郎は世界最初の電気工学のディプロマを得た学士であった。この学科は，1884（明治17）年に電気工学科と改称された。今日の東京大学工学部電気系学科のルーツである[7]。

既存の欧米の工科学校や大学では，新しい学問である電気工学について独立の学科をつくらずに，物理学科や機械学科の分科としておくことが多かった。後進の日本では，ゼロからの出発であったので，お雇い外国人教師を招いて，当初から電気の学科を設けたのである。図7.3は，エアトンの肖像である。

イギリス

日本で工部大学校電信科教授を務めたエアトンが帰国し，1879年にロンドン・シティ同業組合学校（City and Guilds of London Institute，のちフィンズバリ・テクニカル・カレッジ［Finsbury Technical College］）で電気コースを開講した。これがイギリスにおける電信学校以外の電気工学の公開の学校のはじめとされている。

この学校はロンドン市同業組合が技術教育振興を目的として，職工のための夜間学校として設立したものである。

図7.3 ウィリアム・エドワード・エアトン。加藤木重教へ贈られた写真

同校はその後，高レベルのセントラル・インスティテューション（Central Institution）と中レベルのフィンズバリ・カレッジ（Finsbury College）とに分かれた。セントラル・インスティテューションはのち，インペリアル・カレッジをつくる動きに合流し（1907年），今日のロンドン大学の一部となった。フィンズバリ・カレッジはトンプソンが主任教授を務め，1926年まで続いた。

　電気工学はこれらの学校でもっとも成功した分野であり，これには30歳代であった若いエアトン，ペリー（John Perry. 1850-1920. 日本の工部大学校でエアトンの同僚であり協力者であった），トンプソンの貢献があった。ことにエアトンの寄与は大きく，ひと頃はイギリス電気学会（電信学会）会員の相当部分がエアトンの教え子だと言われたものである。イギリスの大学に電気工学科ができたのは1885年のことで，ロンドン大学のユニバーシティ・カレッジにフレミング（二極真空管の発明者）を教授として電気工学科がつくられた。

ドイツ語圏

　ドイツ語圏では，電気工学は機械工学講座を母体として分立することが多かった。1882年にドレスデン工業学校の力学・機械製作学教授のリッターハウス（Trajan Ritterhaus）が電気機械の講義を始め，同年にシュトットガルト大学機械工学科でディートリヒ（Wilhelm Dietrich）が電気工学を開講した。

　ドイツ最初の独立した電気工学講座は，1882年にダルムシュタット工科学校（Technische Hochschule. THと略称される）に設けられ，翌年開講した。教授はキットラー（Erasmus Kittler. のちドイツ電気学会機関誌 *Elektrotechnische Zeitschrift/ETZ* の初代編集長を務めた）で，このTHで6番目の講座であった。ここは4年制で，そのうち前半2年は数学・科学・技術一般を学び，残り2年が電気工学の学習にあてられた。

　1883と85年には，ベルリン・アーヘンのTHで電気工学講座が設置され，これら講座の教授のうちベルリンのスラビー（Rudolf Slaby. のち無線の研究で知られた）はTHでなく大学から来た物理学者であった。84年以来コールラウシュ（Friedrich Wilhelm Kohlrausch. 電気化学の研究で有名な実験物理学者）が教授を務めたハノーファのTHでは，電気工学教育の独立した分科をつ

くらずに自然科学（物理学・化学）の中にとどめた。

　創設時の教授は物理学者が多かったが，母体が機械工学講座であったため，ドイツ語圏の TH における電気工学教育は機械工学の色彩が非常に強かった。ドイツ語圏の TH の電気工学講座が創設期を過ぎたのちは，教授には工業界で少なくとも 1 年以上の在職経験を持つ者を任用し，機械工学科よりも早く学生実験を設備し，カリキュラムでは実験・設計・工場実習に重点を置いた。ダルムシュタットほかの TH における電気工学教育は成功例としてよく語られる。

スイス

　チューリヒ工業学校（今日のスイス連邦工科大学）について述べておこう。日本の工部大学校はこの学校をモデルとしてつくられたとする邦文文献が多いが，これは誤解である。工部大学校は当初から電信科を独立学科として持っていたが，チューリヒの工業学校で電気工学の講座が機械工学内に設けられたのは 1895 年であり，電気工学科が機械工学科から独立したのは，じつに 1935 年になってからであった。

フランス

　1878 年に電信庁が創設した高等電信学校（École Supérieure de Télégraphie/EST）が，電信オペレータ訓練を超えた電気工学教育のはじめであった。フランス革命の結果としてつくられたエコール・ポリテクニークやグラン・ゼコールが大学よりも優位にあるのがこの国の高等教育の特色であり，EST の教授団も全員がエコール・ポリテクニークを卒業した郵便電信省の電信技師であった。EST には，国営の郵便・電信従業員のほか，グラン・ゼコール卒業生が受験することができた。外国人にも受験が許されていた。EST は 2 年制で，授業内容は電信だけでなく，電話・電灯照明・発電に及んでいた。電気回路に関するテブナンの定理のテブナン（Leon Charles Thévenin）もエコール・ポリテクニークと EST の卒業生である。

　グラン・ゼコールでのうちでは，中央製造技術学校（École Centrale des Arts et Manufacture）で 84 年から電気教育が始まった。そこでは 20 時限の短い 1

科目として，電気と光学を教えるにすぎなかった。のち時間数は増えたが，講義内容は理論偏重であり，94年になってからようやく小さな講義用実験室がつくられた。

ドイツのTHと対照的に，フランスの国立学校では電気工学は小さな分野にすぎなかった。そのかわり地方自治体・私企業・大学・電気学会によって，電気教育の学校・コースがつくられ，1918年までに電気学校が9校設立された。

これらの学校の多くは小規模で，その地方から学生を集めていた。パリ市は私企業の協力を得て，1882年にパリ市立工業物理化学学校（École Municipale de Physique et de Chimie Industrielle de la Ville de Paris）を設立した。ここでは，生徒は3年間の応用物理コースの最後の18週に選択科目として電気を学んだ。教授のうちでもっとも有名なのは，実験室長であったピエール・キュリー（Pierre Curie）であろう。

フランス電気学会は，電気研究所と電気学校を設立した。中央国際電気研究所（Laboratoire Central International d'Électricité）の構想はこの学会の創立期からあったが，これが1888年開所の中央電気研究所（Laboratoire Central d'Électricité）として実現した。この研究所は主として電気計器の認定に従事した。中央電気研究所の付属施設として93年に電気学校設置が決まり，翌年に開校した。最初の学生は12人であったが，20年後には130人に増え，学生の多数はエコール・ポリテクニーク卒業生や軍の技術士官であった。この学校は成功し，96年に中央電気研究所から分離して高等電気学校（École Supérieure d'Électricité/ESE）となった。ESEの教育は理論と実地の両方を重視し，ESEの免状 diplome d'ingenieue d'lectricien は，フランス社会から高い評価を受けた[8]。

ベルギー

モンテフィオレ電気学校（Institut Électrotechnique Montefiore）についても触れておこう。これは1883年にリエージュに開校した私立の電気学校であり，電気工学専門コースとしては，ヨーロッパではダルムシュタットTHに次いで古い。ここは他校の卒業生およびリエージュ大学の最終学年の学生を教育する

1年間コースで，教授はジェラール（Eric Gérald）であった。京都帝国大学電気工学科の創立者と言うべき難波正は物理学出身であったが，ここに留学して電気工学を学んだのである。

米国

1882年にマサチューセッツ工科大学（MIT）の物理学科内に電気工学コースが設けられた。84年にこれが独立の電気工学コースになった。学生数は，82年には18人であったが，91年には105人となって，MITで最大のコースに成長した。83年にはコーネル大学でアンソニー（William Anthony）が電気工学コースを開いた。コーネルの電気工学卒業生数はMITのそれよりも多く，84年には28人で，続いて42, 60, 83, 126, 174人，そして90年には218人であった。これに続いたのは，スティーブンス・インスティテュート（83年），リーハイ大学（物理学科を83年に物理・電気学科とし，87年に電気工学科をつくる），パーデュー大学（87年に応用電気学科，88年に電気工学科），オハイオ州立大学（91年に応用電気コースが設けられ，97年に電気工学科となる）などであった。

このように，米国では1880年代から90年代にかけて各地の大学で電気工学科がつくられた。その母体や初代教授は物理学科・物理学者が多かったが，教えた内容は機械工学に強く傾斜していた[9]。

5. 電気の計測と標準・単位，物理および電気の国立研究所

電信，とくに海底電信ケーブルの実現の過程で，電気技術は著しく進歩した。回路・伝送といった概念が形成され，単位・標準が決定し，これらに必要な測定法が確立した。電圧，電流，電気抵抗といった概念，さらにコイルのインダクタンス，キャパシタンスといった用語や概念も徐々につくられた。電信線の場合のように長い距離を電気信号が伝わるときには，信号の大きさが減衰し，波形も変化して信号の到達には時間がかかる。その理由は，実地で学んだだけ

の技術者には理解できなかった．マクスウェル，ウィリアム・トムソン（ケルビン卿）らの理学者や，ヘビサイド（Oliver Heaviside．のちに計算に演算子法を導入した）のように電信技術者のうちでも数理物理に明るい者によって，電信信号の伝達の理論がつくられた．

1858年の大西洋海底電信ケーブルの失敗，および翌年のインド方面の紅海海底電信ケーブルの不通事故への対処として，イギリス政府と大西洋電信会社の合同で調査委員会が設置された．**図7.4**は，この委員会の報告書の扉である．

電信線の導体である銅の導電率が，残留不純物によってはなはだしく変化することがわかった．それまではこれ

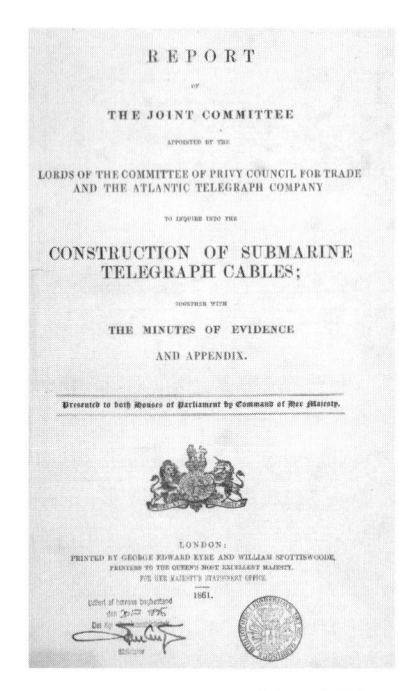

図7.4 イギリス電信調査合同委員会の報告書，1861年

に気づかないで電信ケーブルをつくっていたので，ケーブルの電気抵抗は大きく，しかも製造所・ロットによって不ぞろいであった．電信線における電信信号の減衰を小さくするには，導電率や電気抵抗の定義，単位，測定法を確立する必要があった[10]．

1853年にホイートストンが抵抗測定のためのブリッジを発表した．これは1833年のクリスティの方法に基づいていたが，ホイートストン・ブリッジと呼ばれるようになった．61年にブリティッシュ・アソシエーション（British Association for the Advancement of Science/BA）は電気抵抗の標準化委員会を設け，ウィリアム・トムソンを委員長とし，マクスウェルら物理学者と電信技術者を集めて調査させた．

抵抗や電流を定義し単位を定めるだけでなく，これらを実用の標準に移す必

要があった。実用単位としてBAの抵抗単位オーム（Ω）が1864年に定められ，さらに，標準抵抗がつくられた。トムソンは，微小電流を測定できるミラー・ガルバノメータをつくり，さらに海底電信ケーブルで送られてきた信号波形を記録するサイフォン・レコーダを67年に開発して，大西洋海底電信ケーブルの成功に尽した。

電気理論も進歩し，1873年にはマクスウェルの『電磁気学論』（Treatise on Electricity and Magnetism）が刊行された。古典電磁気学は，ここで完成を見たとされている。**図7.5**は，彼の肖像である。

図7.5　マクスウェル

1880年代には配電網が始まり，さらに電球や電気機械器具の国際通商が盛んになると，これらに関する標準・単位およびその計測法の確立が求められた。

1881年には，史上初の国際電気博覧会がパリで開催された。このときに，欧米諸国の学者を集めて国際電気会議が開催され，単位記号を電圧はV（ボルト），電流はA（アンペア），電気抵抗はΩ（オーム），電荷量は C（クーロン），コンデンサはF（ファラッド）と決められた。これらの単位名は，それぞれボルタ，アンペール，オーム，クーロン，ファラデーといった電気学の開拓者の名にちなんでいる。

以後も，国際電気博覧会のたびに国際電気会議が開催され，単位決定と標準化の気運が高まっていった[11]。1893（明治26）年のシカゴ会議では，電気の実用単位の定義を確認し，国際単位（International Series of Units）として決定した。これを受けて翌94年には米国がこれら電気の単位を法律として制定した。イギリス（94年），フランス（96年），ドイツ（98年）もこれに続いた。

国際単位から国家標準につながったという意味で，シカゴ会議は重要である。

1901年にジョルジ（M. G. Giovanni Giorgi. イタリア）がMKSΩ単位系を提案し，これがのちにMKSA単位系になった。さらに，1908年の電気単位ロンドン会議（International Conference on Electrical Units and Standards）で実用単位が確認され，日本でもこれに基づいて1910（明治43）年に電気測定法を制定した。

国立研究所の設立

単位・標準や国際条約ほか，電気技術においては国際連携が緊密である。これも，電気技術の特質のひとつである。

1887年には，ヴェルナー・フォン・シーメンスの主唱で，ベルリンに物理工学国立研究所（Physikalish–Technische Reichsanstalt/PTR. 現在はPhysikalish–Technische Bundesanstalt/PTB）が物理学者ヘルムホルツ（Hermann von Hermholtz）を所長として設立された。これが，世界最初の国立の物理研究所である[12]。10年以上あとに，イギリスの国立物理研究所（National Physical Laboratory/NPL. 1900年設立. 02年開所）や，米国の国立標準局（National Bureau of Standard/NBS. 01年設立. 現在はNational Institute of Standards and Technology/NISTと称している）が設立された。日本の逓信省電気試験所設立は1891（明治24）年であった。これらの研究所は，それぞれの国で電気関係の単位を管掌した。

IEC（International Electrotechnical Commission, 国際電気標準会議. 日本では第二次世界大戦終了までは万国電気工芸委員会と呼んでいた）について，およびこれへの日本の加盟についても述べておこう。

1904（明治37）年に開催されたセントルイス国際電気会議でIEC設立が討議され，1906（明治39）年のロンドン会議でIECが発足した。会長には，ケルビン卿（ウィリアム・トムソン）が選ばれた。日本からは，04年のセントルイス国際電気会議に，同国際電気博覧会審査委員として同地に滞在中の渋沢元治（逓信省の技師となり，のち名古屋帝国大学の初代総長を務めた）が出席した。ロンドン会議には，外遊中であった藤岡市助（工部大学校電気工学科教授を務め，今日の東芝のルーツのひとつである白熱舎・東京電気を設立した）

が非公式参加した。電気試験所所長の浅野応輔と同技師近藤茂が 1908（明治 41）年の電気単本位ロンドン会議に日本代表として参加し，IEC ロンドン会議にも出席した。

同年以来，ロンドンにある IEC 事務局から日本に加盟の勧告がきていた。電気学会は日本が IEC に加盟する必要性を感じていたが，会費等の資金調達が困難ですぐには加盟できなかった。政府に補助金を請願したが，政府補助は実現しなかった。結局，産業界から寄付を募って，電気学会が IEC 加入を実行することにした。電気学会の中に日本電気工芸委員会（Japanese Electrotechnical Committee）をつくり，これが IEC に加盟することになった。1910（明治 43）年に日本電気工芸委員会の第 1 回委員総会が開催され，浅野が委員長に選ばれた。

6. 世界の電機メーカーの起源

現存の有力メーカーを中心として，世界の電機メーカーの沿革を見ておこう。

イギリス

電信技術の時代に最先進国であったイギリスには，シーメンス・ブラザーズ社（Siemens Brothers）などがあった。しかし，電力技術の時代になると，イギリスの電機工業はドイツや米国に追い越された。のちの無線通信では，イギリスのマルコーニ社が世界を制覇した。

イギリスの現存のメーカーでは，GEC（General Electric Company. 1889 年設立）社が最有力である。この会社は，米国の GE 社と名前が同じジェネラル・エレクトリックであるがまったく別の会社で，混同を避けるために GEC と呼ぶのがふつうである。GEC は，1886 年に General Electric Apparatus Company として設立され，同業の企業と合併して大きくなった。米国のトムソン・ハウストン社の子会社であったブリティッシュ・トムソン・ハウストン社（British Thomson Houston/B. T. H. 1884 年設立）とメトロポリタン・ヴィッカース社（Metropolitan–Vickers. 米国ウェスティングハウスの子会社ブリティ

ッシュ・ウェスティングハウス社も継承）が1929年に合併してできたAEI（Associated Electrical Industries）社も，1967年にGECに併合された。翌68年には，電球製造業界で長らく最大手であったイングリッシュ・エレクトリック（English Electric/EE）と合併した。こうしてできた新GECには，シーメンス・ブラザーズ，フェランティ，エジソン・スワン，マルコーニの流れも入っており，さらに古く科学機械メーカーのワトキンスや電信ケーブルのヘンリー（W. T. Henley）ともつながっているから，名門という意味では世界一であろう。

携帯／移動体電話のボーダフォン（Vodafone）社は業界で世界最大手のひとつで，イギリスの会社から多国籍企業に成長した。同社の歴史は1984年に始まっている。長らく影の薄かったイギリスの電機工業が現在世界で有力になっているのは，米国の巨大企業GE，ウェスティングハウス，RCAの凋落と比較して興味深い。

フランス

フランスのトムソン社も，米国のトムソン・ハウストン社の子会社として1891年に設立された。1982年にミッテラン政権により，トムソンは国有化された。現在は，民生エレクトロニクスのトムソン・マルチメディア（Thomson Multimedia）と，軍需生産のタレス（Thales. Thomson–CSFから2000年に改称）の両社になっている。トムソン・マルチメディアは，米国RCAの家電部門を買収して傘下に入れた。

ドイツ

ドイツのシーメンス社は，プロイセン陸軍砲兵士官であったヴェルナー・フォン・シーメンスが，精密機械工ハルスケ（Johann Georg Halske）と共同で，1847年にシーメンス・ウント・ハルスケ電信機製作所（Telegraphen–Bau–Anstalt von Siemens und Halske）として設立した会社である。シーメンスは，弟ヴィルヘルム（Wilhelm）をイギリスへ，同じくカール（Carl）をロシアに派遣して，市場開拓・原材料確保・起業を行わせた。

1903年には重電部門のライバル企業のひとつであるシュッケルト社と合併してシーメンス・シュッケルト社（Siemens–Schuckertwerke）となり，従来からの弱電部門のシーメンス・ハルスケ社とともに，双頭の巨大企業となった。

　シーメンス兄弟の結束は固く，シーメンス社は一族会社の性格が強かった。これが同社の成功の理由のひとつであった。反面，外部からの資本導入を好まず，これがライバルである AEG 社の成長を許す結果になった。ミュンヘン国際電気博覧会（1882年），フランクフルト国際電気博覧会（1891年）への参加に消極的であったのは，このあたりの事情の一端である。

　ウィリアム・シーメンス（William [Wilhelm] Siemens）は1865年にイギリスのシーメンス・ブラザーズ社（のち，ドイツのシーメンス社から分離し独立する）を設立し，イギリスに帰化してイギリス電信学会の初代会長を務めた。

　ヴェルナー・フォン・シーメンスは自励発電機を発明しただけでなく，電気物理にも明かるかった。電気抵抗（単位はΩ）の逆数であるコンダクタンスの単位にシーメンス（表記は大文字の S）を使うのは，彼の功績を記念してのことである。彼は前述のベルリン電気学会やドイツ物理工学国立研究所の設立の主唱者でもあり，ドイツ電気技術の父と呼ぶべき人物である。

　ドイツの AEG 社（Allgemeine Elektricitäts–Gesellschaft）は，米国のエジソンの系列会社ドイチェ・エジソン社（Deutsche Edison–Gesellschaft）として1883年に設立された。創立者エミール・ラテナウ（Emil Rathenau）はユダヤ系の金融資本家で，81年のパリ国際電気博覧会に出品されたエジソンの白熱電球を見て電機産業に乗り出した。長距離送電にも関心があり，91年のフランクフルト・アム・マイン国際電気博覧会での三相交流送電デモの推進者のひとりでもあった。

　エミール・ラテナウの息子ヴァルター（Walter Rathenau）は AEG 社長を務め，ドイツ財界の中心人物であった。第一次世界大戦後にはドイツの外務大臣を務め，1922年に右翼に暗殺された。AEG は外部資本導入により事業拡大を図り，開明的な色彩を持っていて，自社技術と自己資本を重視するシーメンス社と対照的なところがあった。AEG は第二次世界大戦後経営に行き詰まり，ひところはテレフンケン（Telefunken）と合併して AEG-Telefunken であった。

Telefunken 社は，イギリスのマルコーニ社に対抗すべく，ドイツの無線技術の国策会社として 1903 年に設立された。その後，AEG は自動車のメルセデス・ベンツ社の傘下に入った。

その他のヨーロッパ諸国

オランダのフィリップス社は，白熱電球の製造・販売のために 1891 年に設立された。アントン・フィリップス（Anton Philips）を中心として，一族の結束が固かったことなど，シーメンスに似たところがある。大国とは言えないオランダの会社が世界の電子工業のトップ・メーカーのひとつに成長したのは，注目に値する。フィリップス社は，日本のメーカーとも関係がある。第二次世界大戦後に松下電器がテレビ受像機ほかエレクトロニクス生産に乗り出すときには，フィリップス社から学んで技術を導入した。オーディオのカセット・テープを開発したのはフィリップス社であり，さらに 1983 年には同社とソニーがコンパクト・ディスク（CD）を発表している。

ヨーロッパの有力な重電メーカーのうちの，スウェーデンの ASEA 社とスイス・ドイツ系のブラウン・ボベリ（Brown, Boveri & Cie.）社についても述べておこう。

ASEA はヴェンシュトレーム（Jonas Wenström）とフレドホルム（Ludwig Fredholm）によって 1883 年に設立された。ヴェンシュトレームは三相交流技術の開発に貢献した技術者である。ブラウン・ボベリは 91 年に C. E. L. ブラウンとボベリ（Walter Boveri）によって設立された。C. E. L. ブラウンは，エリコン社の技術者として 91 年のフランクフルト・アム・マイン三相交流送電用機器を製作した人物である。1989 年にブラウン・ボベリと ASEA は合併して，巨大な ASEA & Brown Boveri（ABB）社になった。

米国

米国のエジソンの会社は，直流システム対交流システムの争いに敗れて，交流電機機器メーカーのトムソン・ハウストン（Thomson Houston）社と合併した。トムソン・ハウストン社の創立者のトムソンもハウストンも電気学者・技

術者で，エリュー・トムソン（Elihu Thomson）は電気溶接の発明者である。新会社の主導権はトムソン・ハウストン側が握った。新会社は，のちジェネラル・エレクトリック（General Electric/GE）と改称した。同社は，白熱電球の特許を武器に世界市場を制覇し，世界中に子会社をつくった。トムソン・ハウストン社時代も含めて，イギリス，ドイツ，フランスに系列会社があった。日本の東京電気（今日の東芝）もGE傘下にあった。

　GE社は技術開発に熱心で，重電技術にはスタインメッツを擁し，研究所にクーリッジ（William David Coolidge），ラングミュア（Irving Langmuir）ら大学卒業の若い物理学・化学の研究者を集めて研究開発を進めた。1910年には，クーリッジによって発明されたタングステン・フィラメント電球が発表された。これは炭素フィラメント電球よりもずっと明るく，世界におけるGE社の地歩はさらに強固になった。時代が21世紀になり，GEマークの電球は依然ポピュラーであるが，同社は航空機エンジン製造に力を入れている。

　すでに見たように，ウェスティングハウス社はジョージ・ウェスティグハウスによって設立された。同社は経営不振に陥った時期もあったが，総合電機メーカーとしてGE社に次ぐナンバー・ツーの位置を占めていた。日本の大手総合電機メーカーのうち，東芝（芝浦製作所と東京電気）はGEと関係があり，三菱電機はウェスティグハウス社から技術を導入していた。

　通信工業のウェスタン・エレクトリックやAT＆T社については，第5章の電話の登場を見られたい。コンピュータのIBM社のはじめは，1889年にホレリス（Herman Hollerith）が国勢調査のために開発した，統計処理パンチカード・システムである。無線・ラジオ・テレビ・エレクトロニクスで世界のトップにあったRCA社（Radio Corporation of America）は，後述のように，第一次世界大戦に際して，イギリスのマルコーニ社に握られていた無線電信網を接収して米国海軍主導で設立された国際通信業の会社である。同大戦後にラジオ放送が始まって，RCAも機器製造に参入して成長した。

　電機産業の歴史においては，生産財から消費財までを製造する総合電機メーカーが有力であった。こういう企業は巨大化し，国を代表するビッグビジネス

となり，他国にも子会社を持って，世界市場を制覇した。素材から最終製品までを生産すること（いわゆる垂直統合）は，電機だけでなく自動車産業ほかでも見られることであるが，総合電機メーカーは最終製品のための素材や中間の機材を内製するだけでなく，市場にも出す。このように川上産業（工業を顧客とする）と川下産業（一般コンシューマ向け）を兼ねるのが総合電機メーカーの特徴である。"電球から原子力まで"というCMコピーがあったのは，これをよく表している。

しかしこのような総合電機メーカーも，半導体とコンピュータ産業の拡大後は様変わりした。電機工業においても近年の離合集散はめまぐるしく，多国籍企業化が著しい。RCAやGE，そしてウェスティングハウスも，世界に覇を唱えた昔日の面影はない。日本では半導体とコンピュータを含めて，総合電機企業の優位が継続しているが，将来はどうなるであろうか。

女性の電気技術者

　本書の記述に，女性がほとんど出てこないことに読者は気づいたであろうか。家事に従事する主婦は毎日いちばん電気を使う（スイッチを入れたり，電球や電池を取り替えるだけであっても）人だと言えるであろう。女性は生来，電気技術を学びたがらないと極言する人もいるが，どうだろうか。50年，100年後の歴史が答えを出すであろうか。

　日本の大学の電気系学科学生数のうちの女子学生の比率は，国公立大学では1割弱，私立大学では2割程度で，過去30年間，あまり変わっていないように思われる。情報系の学科には女子学生が多いようである。"女性は電気のハードを好まない"のであろうか。

　科学史上では，物理学のキュリー夫人や数学のコワレフスカヤほか，女性の名がある。女性の電気技術者というと，アーク放電の研究をしたハーサ・エアトン（Hertha Ayrton. 1854-1923）に指を屈する[13]。図は，彼女の肖像である。

　彼女の生名はフェーベ・サラ・マークス（Phoebe Sarah Marks）で，イギリスへ移住したユダヤ系ポーランド人の娘である。

　彼女は，1854年にイングランドで生まれた。61年に父親が亡くなり，長女であった彼女は数学の個人教師をして一家の生計を支えた。74年に彼女はケンブリッジ大学の女子カレッジであるガートン・カレッジに合格したが，学資の目途が立たなかった。しかし，同カレッジの創立者のひとり，マダム・ボディション（Bodichon）や女流作家ジョージ・エリオットの援助で76年に同カレッジに入学できた。彼女は自ら名を変えてハーサと名乗るようになった。ハーサは女権拡張論者であるジョージ・エリオットの小説『ダニエル・デロンダ』中の人物の名である[14]。

　ガートン・カレッジで数学を専攻し

〈ハーサ・エアトン〉

て卒業したのち，彼女はケンジントン・ハイスクールの数学教師となった。自然科学に関心を持つようになったマークスは，フィンズバリ・テクニカル・カレッジの教授ウィリアム・エドワード・エアトンと知り合い，84年に同校の夜学に通うようになった。二人は85年に結婚した。ウィリアム・エアトンにとって，彼女は二番目の夫人であった。

ハーサ・エアトンは，夫の研究を助けるとともに，一個の研究者としても成果をあげた。1893年から始まった彼女のアーク放電に関する研究は，雑誌『エレクトリシャン』に掲載され，のち単行本『アーク放電』(The Electric Arc. 1902年初版) として刊行された。これは450ページを越える浩瀚なもので，ボディション夫人に捧げられている。99年に彼女はイギリス電気学会の会員に選ばれた。これが，全世界を通じて女性が電気工学関係学会の会員となった最初である。

ビクトリア時代の当時，同会は女性の入会を拒んでいた。ハーサ・エアトンの入会は非常な例外であって，女性を受け入れるというよりも彼女の研究業績を評価したということであった。同会で2番目の女性会員が現れるのは1916年であって，しかもそれは学生会員であった。

1900年のパリ国際電気会議では，ハーサ・エアトンの論文"アーク放電の光"が発表された。彼女はまた，ロイヤル・ソサエティで論文を発表した最初の女性であり（04年），同会から06年にヒューズ・メダルを授けられた。しかし彼女がロイヤル・ソサエティの会員には選ばれなかったのは，女性であったからであると思われる。03年に彼女はキュリー夫人と知り合って，以来二人はよい友達になった。

ハーサ・エアトンは，男女平等の鼓吹者で，婦人参政権運動に参加し，ウィリアム・エアトンとの間にできた娘エディット（Edith）とともに婦人社会政治連盟のアクティブなメンバーとなった。1918年に30歳以上の婦人の参政権が認められた後の23年に，ハーサ・エアトンは亡くなった。

米国では，1893年にバーサ・ラム（Bertha Lamme）がオハイオ州立大学電気工学科を卒業している。彼女あたりが，米国最初の女性電気技術者であろう。彼女は，誘導電動機の円線図で著名なベンジャミン・ラム（Benjamin Lamme. 米国電気電子学会IEEEのラム・メダルは，彼を記念して設けられた賞である）の妹である。米国電気学会AIEEの最初の女性会員は，1923年に准会員，33年に正会員になったクラーク（Edith Clarke）である。

第8章

20世紀の社会と市民生活における電気
―― 蓄音機からラジオ,テレビまで

1. 20世紀の電気技術

　電灯の実用化,電力の利用,電気鉄道の登場などによって,19世紀末から先進工業国は電気文明と呼ぶべき時代に入った。20世紀には電気文明がさらに進展し拡大する。電気の応用により,工業生産および市民生活のさまが著しく変化した。アイロン,扇風機,電気洗濯機ほかの家電製品,電話,蓄音機（レコード）,映画,ラジオ,テレビ,磁気録音機（テープレコーダ）,電子複写機,ファックスなどは人々の生活に欠かせない道具となった。ことに,電話,ラジオ,テレビ,ヘッドホン・ステレオなどは,日常の友と言うべき存在になった。通信・メディアのツールとして生活の利便と娯楽を提供していることは,電気技術の特徴である。電気は眼に見えないと言われるが,現代では誰にも親しい存在である。

　20世紀の電気技術を大づかみに見ると,20世紀のほぼ前半は,電力技術の繁栄,および無線とラジオの発展時代であり,20世紀後半は半導体とコンピュータの時代である。この2つの時期を,第二次世界大戦が区切る。電力技術の基礎は19世紀にすでに据えられたから,20世紀の電気技術の特徴はエレクトロニクスの形成と繁栄であると言うこともできよう。

第二次世界大戦以来，エレクトロニクスは戦争および軍事に分かちがたく結びついた。市民の生活の友であると同時に戦争・軍事と深く関係しているのも，電気技術（とくにエレクトロニクス）の特徴である。市民の生活への影響という点からは，第二次世界大戦後に本格化するテレビ放送と，21世紀初年にかけての携帯電話の登場がとくに重要であろう。

　エレクトロニクスは電子の作用を利用している。ここで，電子（electron）の発見とエレクトロニクス（electronics）という語について述べておこう。

　電気が無限に分割できるのでなくて，一定の小さな量からなることは，ファラデーの電気分解の法則ですでに示されていた。電気を持った小さな粒子の存在を想定して，ストーニ（George Johnstone Stoney. アイルランド）が1874年にこれを"electron"と呼んだ。

　真空中の放電が研究されるようになって，この放電のグロー光が磁界をかけると曲がることが観察された。ドイツのヒットルフ（Johann Wilhelm Hittorf）は，放電管中の陰極の前に物体を入れると，グロー光に影ができることを発見した。これは，陰極から何かが流れ出ているのが物体でさえぎられるからだと考えられ，のち，この流れを陰極線（cathode ray）と呼ぶようになった。ヒットルフは，陰極線の発見者とされている。陰極線は，磁界や電界があると曲がるので，電気を持った粒子の流れであることがわかった。

　J. J. トムソン（Joseph John Thomson. 1856–1940. イギリス）は，陰極線の粒子が原子よりもずっと軽い（質量が小さい）ことを確かめ，1897年に電子の［電荷／質量］の比（e/m）を測定した。これが電子の発見とされている。

　エレクトロニクス（電子工学）の最初の主役は，真空管であった。ブラウン管も，真空中の陰極線を磁界や電界で曲げてから蛍光膜に衝突させて発光させている。トランジスタほか半導体素子では，真空中でなく固体中の電子を利用する。エレクトロニクスは通信技術の一部として始まり，高周波工学と呼ばれたこともあった。"エレクトロニクス"という語そのものは比較的新しく，米国のマグローヒル（McGraw–Hill）社の雑誌 *Electronics*（1930年4月号創刊）が最初に使用した。

　第6章に見たように，電気工学は交流理論の成立とともに物理学とは別個の

分野となったのであるが，エレクトロニクスの時代には，また物理学に依存することになった。とくに半導体技術はこの色彩が強い。しかし，真空管やトランジスタを使う電子回路の技術は物理学とは異なる独自の分野であり，これが旧来の電気工学（電力工学）とも違う電子工学の中心である。

以下，本章ではラジオとテレビほかについて述べる。半導体とコンピュータについては次章で扱う。

2. 生活と娯楽と電気技術——蓄音機（レコード），映画の発明

電気を使った道具のうちで人々の生活の友となった最初は，電灯を別とすれば，電話であろう。電話は交換機などの設備に多額の資金が必要であるので，通話も高くついた。それにもかかわらず，早くから業務用だけでなく，個人のチャットに使われた[1]。いつでも，どこでも，どこにいる誰にでも，移動中であっても通話できる今日の携帯電話は，真に個人の友となったと言うことができる。

人々の生活と娯楽のツールとなった蓄音機（レコード）と映画の発明について述べよう。円筒に録音する考案は，19世紀後半にフランスのスコット（Leon Scott. 1857年）やクロ（Charles Cros. 1877年）がしている。エジソンは1877年に円筒にすず箔を巻いた蓄音機の特許を出願し，これが翌年に認められた。**図8.1**に，彼の蓄音機を示す。のち，すず箔を巻く代わりに蝋管を用いるようになった。エジソンは蓄音機を事務用の口述録音機として発明したが，蓄音機は音楽再生という娯楽用に普及した。

蓄音機は，米国では当初家庭用よりもコインを入れると動作するジュークボックスの形で使われ，1890年頃には一流ホテルのロビーに置かれるようになった[2]。円盤レコードは，87年に米国のベルリーナ（Emil Berliner. 1851-1929）によって発明され，円筒レコードとの競争に勝って普及した。

当時の録音は音波の振動による力で円筒・円盤面をカッティングし，再生はレコード面の音溝の凹凸（上下・縦），または左右（水平・横）の振れを振動

図8.1　エジソンのすず箔蓄音機

板に伝えて音に変換した。これをアコースティック方式の録音・再生という。

　エジソンのレコードは縦振動式であった。これは電信機で円筒状の紙テープに針で凹凸をつけて記録する方式があったので、その影響であると考えられる。円盤レコードの主流は水平振動式であった。

　音をマイクロホンで拾ってから増幅し、電磁力でカッターを駆動する電気録音は、ウェスタン・エレクトリック社で開発された。1925年にビクター(Victor)社が電気録音レコードを発売し、ブランズウィック（Brunswick）社が電動ターンテーブルと電気式増幅器・スピーカつきの電気蓄音機を発売した[3]。電気録音レコードは、周波数帯域、音量、ダイナミック・レンジ（小さい音から大きい音までを録音・再生できること）など、すべての点でアコースティック録音よりも格段にすぐれていた。電気録音は真空管増幅器の発達によって可能になった技術である。

　映画の発明にも、エジソンの貢献があった。彼は35ミリメートルのセルロイド・フィルムを導入して、1894年にのぞき箱方式のキネトスコープをつくった。ニューヨークのブロードウェイで、これを使ったキネトスコープ・パーラーが開設された。コインを入れると動作するジューク・ボックスの映画版のような機械も現れた。スクリーンに投射して多人数で見られる今日の映画の基本形は、95年のフランスのリュミエール兄弟（Auguste and Louis Lumière）のシネマトグラフによってつくられた。

1920年代には画面と同時に音が出るトーキーが開発された。ラジオの人気が沸騰すると映画館からは客足が遠のいたが，トーキーがこれを挽回した。トーキーも真空管増幅器の発達によって可能になった技術である。25年からワーナー・ブラザーズ（Warner Brothers）社はウェスタン・エレクトリック社と共同でトーキーの開発を進めた。真空管の発明者デフォレストもトーキーの開発を手がけたひとりである。27年にワーナー・ブラザーズの最初の音声シンクロ全トーキー映画『ジャズ・シンガー』が上映され，大成功をおさめた。以後，映画は繁栄を続ける。

　今日の社会において，再生音楽なしの生活はほとんど考えられない。音楽再生や映画といった人々の娯楽は，真空管の登場によって始まった電子技術によって支えられている。ラジオ・テレビ放送も，同様の例である。

　音楽自体も，レコードをはじめとする再生のツールの普及によって大きく変化した。音楽産業は20世紀初めに出版業として出発したが，1920年代に変容を遂げ，音楽演奏・創造のための商品（楽譜やピアノ）を売ることから，音楽再生・消費のための商品（レコード，蓄音機，ラジオ）を売ることに転換した。音楽の楽しみの場は，コンサートホールやオペラハウス，ダンスホールや酒場であったのが，レコードとなって家庭へ（そして最近では，ウォークマンやケータイを持つ人のポケットやバッグへ）と移動した。レコードが売れてポピュラーになるためには，年令，階級，人種，宗教，性別などを超えて広いリスナーに受けなければならない。そこで，音楽も変化した。民衆の音楽は，もとは社会生活のルーティンに対する不満と批判の感情に満ちていたのが，ポピュラーになった結果としてこれらを失ったという論者もいる[4]。

3. 電波の発見から無線電信へ

　今日，ラジオといえば，ふつうはラジオ放送かラジオ受信機のことである。もともとはラジオ（radio）とはラジエーション（radiation）からきた語で，電波を放射・輻射して情報を送ること（無線通信）を意味している。自動車などのラジエータ（放熱器）も類語で，熱を放射して冷却する装置である。無線通

信という意味でのラジオは，ワイヤレス（wireless）と同義語である．初期にはラジオよりもワイヤレスの語が多く使われたが，近年また，ワイヤレス電話などにこの語が復活している．無線（ワイヤレス）通信というとスポット対スポットの通信であるが，発信局からの電波を不特定多数の人が受信する放送が始まってから，放送のことをラジオと言うようになり，さらにラジオ受信機のこともラジオと呼ぶようになった．

電波（電磁波）の存在は1861年から73年にマクスウェルが予見していたが，これを実証したのはドイツのヘルツ（Heinrich Rudolf Hertz. 1857-94）の実験である．周波数の単位 Hz は彼の名に由来する．ヘルツのこの実験（1887年）では，金属線ループ（送信アンテナ）にライデンびんをつないで電気火花（放電）を飛ばし，同じ室内に置いた金属線（受信アンテナ）に設けた球ギャップで火花（放電）が生じることを確かめた．図8.2と図8.3に，

図8.2　ヘルツ

図8.3　ヘルツの電磁波実験

ヘルツの肖像と実験装置を示す。

ヘルツによる発見後には，電波の実験をする人がいろいろな国に現れ，通信への利用を目指す実験も行われた。イギリスのロッジ（Oliver Lodge. 1851-1940），イタリア人であるがイギリスへ行って実験を行ったマルコーニ（Guglielmo Marconi. 1874-1937），米国のテスラ，ロシアのポポフ（Alexander Stepanowitch Popov. 1859-1905）らのパイオニアがいた。

ヘルツの実験装置は火花式送信機，アンテナ，検波器の全部をそなえていて，そのまま無線通信の送受信装置の原型となった。しかし，彼自身は純粋理学者であって，電波の利用はまったく考えなかった。

ロッジとマルコーニ

電波（ヘルツ波と呼ばれた）を通信に利用しようと最初に着想したのはロッジであったようだが，遠距離通信を追求してこれを事業化したのはマルコーニである。

ロッジは，送信と受信の同調をシントニー（sintony）と呼んでその重要性を指摘した。のちに，火花式送信機ではなく連続波による送信機がつくられるようになると，多数の無線局があっても，それぞれの送信機の周波数を別々にして，受信機は望みの局の周波数に同調するようにした。こうすると，多数の局が相互の妨害・混信なしに通信できる。逆に，送信局と受信局が同調していないと，妨害・混信で通信できない。したがって，同調の概念を広めたロッジの功績は非常に大きい。彼は電波の到来を検知する検波器として，コヒーラ（その原理はフランスのブランリ［Edouard Branly］が1890年に発表していた）を使用した。これはヘルツの火花検波器よりもずっと高感度であった。マルコーニのほうは独自の発明は何もなく，他の発明家の成果を集めただけだと酷評されることもある。

マルコーニは，船舶間，海岸局と船舶間，さらに大西洋横断へ，通信距離を伸ばそうと努力した。彼の試行錯誤の実験によれば，大地に立てた垂直アンテナの高さ（長さ）を増していくと通信距離が伸びた。火花式送信機を使うと送信周波数はアンテナの長さで決まるから，マルコーニは送信の波長をひたすら

長くした（周波数を下げた）ことになる。周波数が高いと電波は見通し距離にしか届かない（光と同じことである）が，周波数が低い（すなわち波長が長い）と回折現象によって見通し距離よりも遠い地点まで届く。このように，大地に立てた垂直アンテナを使って低い周波数の電波（"長波"という）を利用したのが，マルコーニの成功のもとであった。

大地に立てた垂直アンテナは同調特性があまりよくない（シャープでない）ので，シントニーを追求していたロッジはこのアンテナを重視しなかった。マルコーニとロッジの無線電信の事業化の成否の分れ目はこのあたりにあった。また，著名な物理学者で大学教授であったロッジと，富裕なアマチュアで無線電信事業に集中したマルコーニとを比較すると，後者が勝利者となったのは当然であると言えよう[5]。

無線による通信だけでなく，制御ほか，無線のさまざまな応用の可能性を考えたのはテスラである。テスラは，誘導電動機を発明し，無線による送電，ラジコン軍艦，殺人電波（レーザ殺人光線のような武器）といった，時代をはるかに超えた着想をした天才である[6]。

周波数と波長

ラジオを組み立てたことのある読者ならば，周波数と波長，望みの電波を選ぶ同調といった基本的重要事項をよく知っているであろう。ここで，電波の周波数（および，周波数と逆数関係にある波長）について説明しておこう。

［周波数×波長＝光の速さ］という関係がある。ヘルツの実験では，アンテナの寸法は1メートル前後であったから，このときの電波は周波数が100メガヘルツ程度の"超短波"であった。無線通信が実用されると，上述のようなわけで，周波数が大略100キロヘルツの長波を利用するようになった。

マルコーニ以来，アマチュアが電波による通信の開拓者であったが，商業通信が盛んになると，商業局はアマチュア無線を邪魔者扱いするようになった。周波数の高い（波長の短い）短波は通信には役に立たないと考えられていたので，波長200メートル以下（周波数1.5メガヘルツ以上）がアマチュア無線家の使う電波として割り当てられた。ところが，1920年代初めに，アマチュア

無線家が周波数の高い（波長の短い）短波が遠距離まで届くのを発見した。米国アマチュア無線連盟（ARRL. 1914 年設立）はいくつかの実験を組織し，その結果，1923 年 11 月に波長約 100 メートル（約 3 メガヘルツ）の電波で，米国とフランスの間の双方向通信が成功した[7]。それまでの定説に反して，波長の短い（周波数の高い）電波が長距離通信に使えることが実証された。

　波長の短い電波でも遠くに届くということは，驚異であった。この現象は，電離層の存在によって起きる。電離層とは，太陽からの紫外線等によって地球の上層大気が電離してできる導電層である。地球の表面に沿って電波が回折して届くには波長が長い方が有利であるが，波長の短い電波でも，上空の電離層と大地との間を反射しながら届く。電離層の存在は 1902 年に米国のケネリとイギリスのヘビサイドが予見し，アプルトン（Edward V. Appleton. イギリス）が 25 年に実験で証明した。この証明よりも早く，波長の短い電波が実際に遠くまで届くことをアマチュア無線家が発見したのである。

　短波の有用さが証明されると，すぐにその商業利用が始まった。以後，電波の利用は短波（short wave）から，"超短波"（VHF. 数十メガヘルツ以上）さらに "極超短波"（UHF. 数百メガヘルツ）へ，波長の短い（周波数の高い）ほうへとひたすら進んでいく。

　波長の短い（周波数の高い）電波には，いくつかの特長がある。まず，アンテナの寸法が小さくてすむ。反射器や導波器を備えた方向性アンテナを使うと，鋭いビーム状の電波が発射される。波長が短かくなると，このようなビーム・アンテナを小さくつくりやすいし，アンテナを回転させるのも容易である。物体の検知・位置標定のためのレーダは，波長の短い電波とビーム・アンテナを使う。波長が短いほど，小さい物体を検知できるので，レーダには短い波長の電波が有利である。日本で発明された八木・宇田アンテナはビーム・アンテナの例であるし，パラボラのついたアンテナはいま BS 波受信用にありふれた存在である。

　また，少々専門的な説明を必要とするが，次のようなこともある。[電波の周波数]／[伝送したい信号の周波数の上限（音声や音楽であれば大略 10 キロヘルツ）]の比が大きいほど，多数のチャンネルが確保できる。したがって，

周波数の高い電波が望ましい。光は周波数の非常に高い電波（電磁波）であり，光を通信に使うと大量の情報を送ることができる。これが，光通信が有用である根本の理由である。

無線電信の普及

　1901年にマルコーニは大西洋横断無線電信に成功した。イギリス・コーンウォールのポルデュから送信し，ニューファウンドランドのセント・ジョンズで受信した。受信アンテナには凧を使い，高く揚げた。この成功により，無線の発明者は，一般には，マルコーニであるとされている。ただし，このとき送られた"S"のモールス符号の受信は，空電ノイズによる誤受信（空耳）であったとも言われる。自然界には雷・稲妻があって，いつも雑音電波が出ている。これを空電と呼んでいる。"S"が誤受信であったとしても，無線電信を事業化したマルコーニの功績はたたえられるべきであろう。

　彼はブラウン管の発明者ブラウン（Karl Ferdinand Braun）とともに，"無線電信の発達への貢献"で1909年にノーベル物理学賞を受賞している。後年のマルコーニは，短波通信の開拓者で，10年代末から700トンのヨット"エレットラ号"に無線機を積んで世界中を航海して実験した。

　無線電信は，船舶通信等に使われるようになった。ドイツは国策会社テレフンケン（Telefunken）を1903年に設立し，最先進国イギリスを追いかけた。日露戦争では，無線通信が日本海海戦（1905［明治38］年）における日本の勝利に役立った。マルコーニ社はイギリスの船舶無線通信をほとんど独占し，同社の無線機を設備していない船とは通信しなかった。しかし，海難事故のときの人命救助のために，また，技術の発達のためにも，自由な通信が望ましかった。イギリスが海底電信線を事実上おさえているうえに無線通信まで独占することに，他の諸国から強い反発があった。

　無線通信では，周波数が重なったり近かったりすると混信するので，周波数の割り当てを決めたり（歩行者，自転車，乗用車，トラックを分ける道路のレーンのようなものである），通信のルールを定めたりしなければならない。国際通信には関係国間の取り決めが必要であり，とくに無線通信では国際条約の

重要度が高い。そこで，ドイツの提唱により1906年に国際無線電信会議がベルリンで開催され，30ヶ国が参加して，周波数（波長）の使用区分，国や会社によらない相互通信の義務等が条約化された。これが最初の無線通信の国際会議・国際条約である。日本からは電気試験所所長の浅野応輔がこの会議に出席した。マルコーニ社の権益を有するイギリスとイタリアは反発したが，以後，このような国際間の制度が定着した。1912年のタイタニック号の悲劇もあって，船舶に無線設備が義務づけられた。

　方向性のビーム・アンテナを送受信に使うと，電信・電話ケーブルを敷設しなくても世界中に通信網をつくることができる。このビーム無線通信の発達が，世界における電信ケーブル網をおさえていたイギリスの覇権を崩す原因になった。無線通信は世界に植民地を持つ帝国主義列強の競争のツールとなった。とくにイギリスとドイツは，それぞれの勢力圏に無線電信網を建設することに努めた[8]。

4. 無線電話と真空管の発明

　初期の無線には，電気火花（放電）で回路を断続したときに生じる振動を利用する火花式送信機が使われた。モールス符号による電信は火花式送信機で送ることができるが，音声や音楽のような信号を伝送するには，火花送信機で発生する電波のような減衰振動波ではなく，連続した電波（continuous wave. c. w. とも書く）が必要である（図8.4参照）。

　減衰振動波を発生する火花式の無線送信機は，今日から見れば雑音送信機のようなものであり，2つ以上の火花式送信機が動作していると相互の妨害が生じた。1901年の国際ヨットレースで，報道通信社のためにマルコーニおよびライバルのデフォレストが無線電信で実況を送ろうとしたが，相互に妨害してまったく受信できなかったという。

　連続波を発生するために，いろいろな技術が試みられた。アーク放電を用いたり，高周波発電機[9]を使ったりした。発電機は回転数に限度があるので高周波を発生するのには本来は向いていないが，数十キロヘルツの長波には使えた。

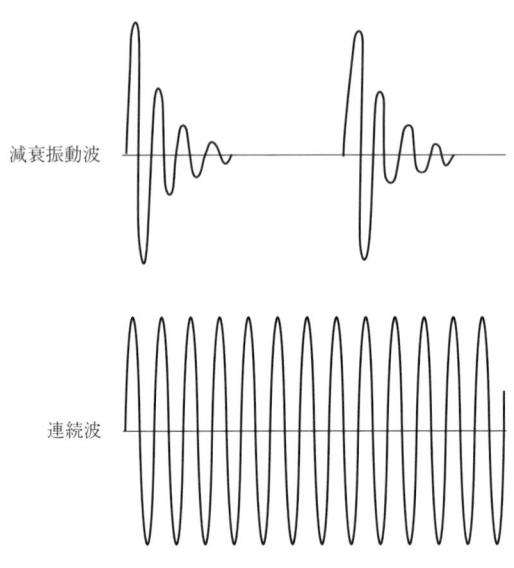

図8.4　減衰振動波と連続波の説明図

　連続波の発生という課題は，結局は真空管の登場によって解決されるのである。真空管は，ずっと高い周波数までの電波を発生できた。
　ここで，真空管の発明とその意義について述べておこう。コイル，コンデンサ，抵抗器といった受動素子と違って，真空管やトランジスタには増幅作用があるので能動素子という。真空管回路に信号を入れてやると，信号が大きくなって（増幅されて）出てくる（タダで増幅されるはずはなく，電源からエネルギーを供給する必要がある）。増幅されて出てきた出力の一部を入力に結んで加算されるようにすると（これを再生とか正帰還と呼ぶ），増幅度が著しく大きくなり，ついには，ねずみ算式に振動波が生じる。これが，真空管やトランジスタによる連続波発生（発振）の原理である。能動素子はまた，音声等の信号の乗った電波（変調波）から信号を取り出す検波作用（復調ともいう）を持っている。エレクトロニクス回路でいろいろなことができるのは，こういった検波，増幅，発振ができる能動素子の存在によるのである。
　能動素子は，エレクトロニクス回路の主役である。増幅作用のある能動素子

の最初は真空管であったから，真空管の発明によってエレクトロニクスが始まったと言ってよく，真空管の発明は非常に重要である。

1904年にフレミングが二極真空管を発明した。これは，エジソンが1883年に発見した"エジソン効果"と同じ原理による。エジソンは白熱電球のフィラメントが蒸発してガラス面が黒くなることについて実験し，電球の中にもうひとつ金属線を入れると，金属線がフィラメントよりも正の電位にあると金属線から電球中の真空を通ってフィラメントに電流が流れ，金属線の電位が負であると流れないという現象を発見した。これが，エジソン効果である。エジソン効果を利用する二極真空管には検波作用・整流作用はあったが，増幅作用・発振作用はなかった。

第三の電極を入れた三極真空管には増幅作用がある。増幅作用がある素子は，発振作用もある。三極真空管は，1906年に米国のデフォレスト（Lee De Forest. 1873-1961）によって発明された。最初の増幅・発振素子である三極真空管の発明は，エレクトロニクス史上で最大というべき大発明である。しかし，デフォレスト自身は，三極真空管（彼は"オーディオン"と名づけた）の動作原理をほとんど（あるいはまったく）わかっていなかった。

三極真空管による再生・発振回路は1912年に米国のアームストロングによって発明された。この発明によって，三極真空管の能力が発揮されるようになった。この意味で，アームストロングの発明は非常に重要である。再生・発振回路の発明をめぐって，デフォレストやドイツのマイスナー（Alexander Meissner）らとの先取権争いがあった。

アームストロング対デフォレストのこの特許係争について，米最高裁判所は1934年にデフォレストに軍配を上げた。判決の根拠は，デフォレストの助手ヴァン・エッテン（Herbert Van Etten）が記録した1912年8月6日のノートブックであった。そこには，電話中継用増幅器の出力が入力に入り込んで過度の正帰還が存在すると，ピーと音がして使えなくなってしまう（これをハウリングという）のを記録してあった。しかし，可聴周波のハウリングを止めようとしたのと高周波の連続波を発生させたのとでは，技術上の意味はまったく異なる。発振を止めることと発振させることとは正反対であるし，無線の発展に

8-4 無線電話と真空管の発明

必要であったのは高周波（可聴周波でなく）の連続波を発生させる方法であったからである。ラジオ史家リュイスは，裁判官が技術について知識不足であったのが誤判決につながったと述べている(10)。

発振に関するデフォレストの特許は，紆余曲折ののち RCA の手に帰していた。このデフォレスト特許の期限はアームストロング特許の期限よりも長かったため，最高裁判所の判決は RCA の技術独占を強固にする効果があった。技術者の世界は，米国特許法上の判定にかかわらず，一致してアームストロングが再生・発振回路の発明者であると認めている。図 8.5 はアームストロング（Edwin Howard Armstrong）の肖像である。

図 8.5　アームストロング

5. 放送の開始，ラジオ・ブーム，大恐慌

無線電話はスポット対スポットへの通信で多くの場合，双方向通信であるのに対して，ラジオ放送は多数（たいていは不特定多数）に向けて発信され，一方向である。ラジオ放送の最初は，1920 年にコンラッド（Frank Conrad. 1874-1941）がピッツバークで始めた KDKA 局とされている。

KDKA 局は，米国政府の認可を受けたラジオ放送局の最初であった。アマチュア無線家であったコンラッドは，第一次世界大戦後に真空管式の送信機（彼はウェスティングハウス社の技術者であったので，最新の連続波発生器である真空管を使うことができた）で，モールス符号の電信だけでなく，スピーチや音楽を仲間へ送信した。これを傍受した人たちからリクエストが来て，ピアノ・ソロやサキソフォンの演奏などを予告して送信するようになった。これをウェスティングハウス社の幹部が知り，巨大な受信機市場が拓けると察知し，コンラッドに KDKA をつくらせた。このときの KDKA の送信機は 50 ワットの

真空管を6本使ったもので，波長は360メートル（周波数833キロヘルツ）であった。

コンラッドの放送は評判になり，多くの人々が受信機を入手しようとした。そこへジョゼフ・ホーン百貨店が，コンラッド局受信用セットを展示することを『ピッツバーグ・サン』紙に広告を出し，他のデパートもこれにならった。"当店専属メーカー製アマチュア・ワイヤレス・セットが10ドルから特売！"といった広告が躍った。こうして，ラジオ放送とラジオ工業がスタートしたのである。

米国では，不特定多数へのラジオ放送はKDKA局より前から始まっていた(11)。無線通信の初期には規制するルールも法規もなく，多くの人々が無線機を組み立てて電波を発射し，自由に実験していた。船舶などの業務用無線局のオペレータやアマチュアは，どんな電波が出ているかをいつもウォッチしていた。受信機だけ持っていて聴いていた人もいた。不特定多数に向けて勝手に発信するやりかたは，今日のインターネットのホームページにも似ている。

フェッセンデン（Reginald Aubrey Fessenden. カナダ生まれで，米国で仕事をした）(12)は，1906年のクリスマスと大晦日にブランド・ロックから，高周波発電機式送信機で彼のバイオリン，歌，スピーチを発信した。彼はこの発信を3日前に無線電信で予告しておいたので，船舶無線局や海軍の艦船の無線オペレータが受信して熱狂したと伝えられる。彼は無線電話に連続波が必要であることを力説し，無線送信機に発電機を使用することを着想した人であった。1907年にはデフォレストの会社が米海軍の世界訪問航海のために無線放送を行った。

技術史家エイトケン（Hugh Aitken）は，放送を意味する英語broadcastingは一方向である命令通信を意味する海軍用語として始まったと述べている。司令艦からの命令に対し，敵艦に傍受されて所在が知れることのないように，各艦は返信しないことになっていたのである(13)。

ラジオの黄金時代

第一次世界大戦中に米国政府は多くの無線技術者・オペレータを訓練したので，戦後これら技術と経験を持つ多数の人々が民間に戻り，軍からの放出ラジ

オ部品も豊富に出回った。その結果，無線の趣味が広がり，初期のラジオ放送受信者の多くはこのような経験者であった。これは，第二次世界大戦後の日本でラジオ自作の大きなブームがあったのと似ている。第一次世界大戦以後，米国のラジオ放送局数は急激に増加し，1921年から22年にかけて約500局になった。27年にはこれが700局以上になった。20年代は，米国におけるラジオの黄金時代であった。

　ラジオ放送は，初期には遠くから発信されるスピーチや音楽が聞こえる珍しさで喜ばれた。聴取のモチベーションは，"距離の征服"であった。これは，アマチュア無線と共通であり，さらにのちの短波放送聴取（SWL）趣味と同じであった。しかし，次第に遠距離受信よりも近くの局の聴取が好まれるようになった。ラジオ放送は，限られたマニアが受信するものから，大衆にとってのニューズや娯楽のツールへと変化した。旅行にたとえれば，探検や冒険から家族の行楽に変わったようなものである。放送には，空電ノイズに打ち勝つ大出力の電波と大衆のニーズに応える番組が求められた。受信機は，音量と音質の向上がはかられ，ヘッドホンでなくスピーカで聞けるようになった。

　空電には，雷のような自然現象による雑音と，電動機の火花や自動車のスパークプラグが出す人工の電気雑音がある。空電ノイズを除去する方法の開発が，ラジオ技術者の最大の夢であった。これがのちにアームストロングのFMとして実現するのである。

　放送の形態は，事業の資金をどこに求めるかで変わる。聴取者から受信料を取る，受信機価格に上乗せして資金とする，番組にコマーシャルを入れて広告費を取る，国家の費用で行うといった種々の考え方があるが，米国では商業放送方式にして，国家の介在を許さなかった。この点では米国は世界で例外であり，日本およびヨーロッパでは上記の諸方式が混在している。

　ラジオ放送とともに，受信機や真空管を製造するラジオ工業も繁栄した。その最大手が，国際通信事業から出発したRCA（Radio Corporation of America）であった。第一次世界大戦に際して，米国海軍は無線通信をイギリスのマルコーニ社におさえられていることに不安を感じた。前述のように，海底電信網は，事実上，イギリスの独占のような状態であり，米国はヨーロッパと通信する自

前の手段を持っていなかった。そこで米国海軍は，新会社RCAを発足させて，マルコーニ社関係の無線通信設備と業務をここに移した。

RCAには，米国電機工業の両横綱であるジェネラル・エレクトリック（GE）社とウェスティングハウス社，電話業界のAT＆T社，それにユナイテッド・フルーツ社が参加した。ユナイテッド・フルーツは中南米で収穫したバナナなどを腐らせずに輸送するために現地に無線局を持ち，また，検波器の重要特許を子会社が所有していたのでRCAに参加したのである[14]。

RCAはこのように国際通信の会社として設立されたが，のちに無線機器等の製造もするようになり，サーノフの指揮下でラジオ，テレビ，エレクトロニクスの世界のトップ・メーカーに成長した。レコード産業のビクターや，放送のNBCもRCAグループに属し，RCAはこれら業界で独占的地位を持っていた。ラジオでもテレビでも真空管でも，RCAの技術が最高権威であったこと——赤と黒のシンボルとともに——を記憶している読者も多いであろう。

不況下で進んだラジオの普及

米国では，1929年の大恐慌に続く長期の不況期にラジオの普及が進んだ。大会社の倒産も相次ぎ，きのうまで大金持ちだった人が，朝に駅の出口で出勤するサラリーマンに朝食代わりのりんごを売っているというようなことがあった。株価は軒並みに大幅下落した。しかし，製造業は不況でも，受信機は売れた。ニューズと娯楽を求めて人々はラジオを聴いた。"新聞と違ってラジオはタダだ"というわけである。ラジオは一家の団らんの中心であって，それまではコンソール型の100ドル近くもする受信機が主流であったが，20ドル前後の卓上型受信機（ミゼット・ラジオ）がよく売れるようになった。安物のミゼット・ラジオはひどい音がしたが，これによってラジオの普及が進んだ。

不況期にラジオが普及するということは第二次世界大戦後の日本にもあり，歴史上の法則であると言えるであろう。1930年までに米国の家庭の約40パーセントがラジオ受信機を所有していて，33年までにこれが82パーセントになった。ラジオは家庭の居間だけでなく，キッチンや，寝室や，会社のエグゼクティブの個室にも置かれるようになり，ラジオが個人の友のような存在になっ

た。電池式ポータブル・ラジオは，自動車ラジオとともに個人が家の外でラジオを聞く自由を実現した。こうして，ラジオのパーソニフィケーション（個人化）と呼ぶ変化が起きた。20世紀末のウォークマン以来の携帯音楽は，ラジオのパーソニフィケーションをさらに推し進めたものであるとも言える。

　日本では1925（大正14）年に東京放送局の放送が始まり，のち1926（大正15)年に，これが大阪放送局・名古屋放送局と合同して日本放送協会となった。太平洋戦争期には，国策としてプロパガンダ手段の確保のために"一家に一台備へよラヂオ"が謳われた。日米開戦の1941（昭和16）年には受信機が800万台製造された。戦後になって，1950（昭和25）年の電波法施行の翌年に民間放送が開始され，本格的なラジオ・ブームが起きた。受信機の主流が"並四"[15]などの再生式からスーパヘテロダイン式に変わったのも民間放送開始以後である。米国では再生式受信機のピークは1926年であったから，ラジオ・ブームと受信機技術について，日米の差は20年以上もあったと言えよう。

　ラジオ，テレビ，エレクトロニクスにおける欧米と日本の違いを年表にしてみるとおもしろい。ラジオ放送の開始では，日本は米国に数年しか遅れていなかった。スタートの遅れが小さいのは進むべき道が欧米の例からわかっていたからであり，これは，後から追う者の有利な点である。しかし，年表のうえではわずか数年の違いでも，技術の中身では，日本のラジオは相当に遅れていた。第二次世界大戦直後に日本を視察した米国人専門家は，日本の技術は米国に20年遅れていると評した。日米のこの遅れはその後縮まってきた。

　今日では，民生用エレクトロニクス製品の新開発が，米国ではなく日本でなされることが多い。電卓やCD（オランダのフィリップス社と日本のソニー社の共同開発）はその例である。コンシューマ向けのラジオ，テレビでは（カメラも），米国の製造会社はほとんど存在せず，米国に工場があっても日本やヨーロッパの企業系列であることが多い。

　このように，日本は米国に急激にキャッチアップしてきたことがわかる。それが貿易摩擦を生んだのも当然と言える。変化がどのように進行したか，そのディテールをよく知って，なぜ進行したかを考えるのが，将来も起き得るあつれきを避けるために必要であろう。日本製の民生用電子製品が米国市場に進出

した例として，トランジスタ・ラジオの場合を後述する．

6. ラジオからテレビへ

テレビジョン[16]のアイディアも古く，19世紀後半にはすでにテレビの提案があった．まず，テレビの原理を略説しておこう．

送信側で映像をモザイク状に画素に分割して走査し，画素ごとの濃淡（明暗，カラーテレビならば色も）を高速の時間系列で伝送する．受信側では，もとの映像中の画素と同じ位置に再現する．再生された画素の集合は，人間の眼の残像により1枚の映像に見える．これを1秒に20枚程度も見せれば，映画と同じく動画に見える．画素への分割と走査には，初期には小さな孔を空けたニプコー円板（ドイツのPaul Julius Gottlieb Nipkowが1884年に特許申請）を回転させて行った．これを機械式走査と呼ぶ．画の再生には，初期にはネオンランプなどを使った．

エアトンとペリーは1880年に"電気で見る方法"（Seeing by electricity）と題して，セレン光電池を使うテレビの可能性を雑誌『ネイチャー』(*Nature*)で述べている．ただし，当時は無線ではなく有線で伝送することが想定されていた．

1920年代には，米国のジェンキン（Charles Francis Jenkin），イギリスのベアード（John Logie Baird）らのテレビ実験が行われた．20年代末の欧米の電気・無線雑誌では，テレビ技術の開発が話題の記事であった．日本のラジオ雑誌『無線と實驗』の英語タイトルは，*Radio Experimenter* であったのが，1929（昭和4）年に *Radio Experimenter and Televison* となり，この頃からテレビの記事がちらほら掲載されている．『ラヂオの日本』も，30年代初めには，"ラジオの次に来るものはテレビ"と書いている．ここで，日本のラジオ雑誌の例として，20年代の『無線と實驗』を，**図8.6** に示しておこう．

画素への分割・走査に，機械式装置でなくアイコノスコープやイメージデセクタといった撮像管を用いて，像再生にブラウン管を使うテレビを全電子式テレビジョンという．機械式走査では，走査線の数は100本程度であり（ベアー

図 8.6 『無線と實驗』，1927（昭和 2）年 9 月号

ドは努力して走査線を 240 本まで増やしたが），粗い画像しか出せない。画素数を増やすと再生画面は暗くなる。全電子式テレビでは，走査線数百本以上の高精細度画面が可能であり，蓄積型撮像管を使用すると高精度かつ明るい画面が実現できる。

　ファーンズワース（1906-71）[17]が 1927 年に撮像管イメージデセクタ（Image Dissector）を，ツウォリキン（Vladimir Kosma Zworykin. 1889-1982）が 31 年に蓄積型撮像管アイコノスコープ（Iconoscope）を，それぞれ特許出願している。

アイコノスコープによって全電子式テレビを実現したツウォリキンの貢献は大きく，彼はテレビジョンの父と呼ばれている。電子式テレビは，ロシアのロージンク（Boris Rosing）が研究を行っていた。彼の弟子ツウォリキンがロシア革命（1917年）のあと米国へ移って，ウェスティングハウス社とRCA社で研究を行った。彼のテレビ開発は，サーノフのRCAが巨額の資金を投入して成功させた[18]。全電子式テレビは，撮像管やブラウン管といった電子管の発達によって可能になったが，その実用化にはパルス回路技術ほかの進歩が必要であった。

テレビ放送の開始

1935年3月に，ドイツのベルリンで世界最初のテレビ定期放送が始まった。走査線180本，画数は毎秒25枚で，波長7メートル（周波数約43メガヘルツ）・出力16キロワットの送信機2台を使用した。翌年には，ベルリン・オリンピックの実況がテレビ放映された。このときは撮像にはアイコノスコープ・カメラを用い，受像はブラウン管投写式（小画面のブラウン管面の画像をレンズで拡大して投射する）であった。

1936年にイギリスBBCのテレビ定期放送が開始し，翌年3月からは走査線405本という，今日と同じ水準の精細度の放送が実現した。39年には第二次世界大戦が始まり，イギリスのテレビ放送は中止された（戦後は46年に再開された）。

米国の場合，1941年に商業テレビの本放送が始まった。しかし，同年末に日米開戦となり，翌年には民生用ラジオ・テレビ生産が禁止された。テレビ放送の発展は，戦後に持ち越された。

日本では，浜松高等工業学校の高柳健次郎が，1926（大正15）年にブラウン管上に"イ"（イロハの最初の字）を出すのに成功した。1940（昭和15）年に予定されていた東京オリンピックはテレビ放送するはずであったが，迫り来る戦争の気配で東京オリンピックも日本のテレビ放送開始も流れてしまった。

このように，第二次世界大戦開始までに各国でテレビ放送の機は熟していた。もし第二次世界大戦がなかったとしたら，テレビ放送の時代が早く来たであろ

うことは間違いない。しかしまた，第二次世界大戦中の軍事用レーダ技術・超短波技術・電子管技術・パルス技術の著しい進歩のおかげで，戦後のテレビ技術が可能になったと言うこともできる。

　日米を比較すると，テレビ放送の計画開始の年では差はほとんどないように見えるが，技術の実態では日本はずっと遅れていた。第二次世界大戦前に米国では多くのメーカーからテレビ受像機が発売されていたのに対し，日本ではラジオ受信機の大衆化さえ，まだ途上であった。日本でテレビ放送が始まったのは，第二次世界大戦終結から8年経った1953（昭和28）年であった。

"見えざる手"の可能性

　欧米でも日本でも，ラジオ，テレビが人々にニューズと娯楽を提供し，生活の友として愛されてきた。ラジオ，蓄音機，さらに後にはテレビが家庭の団らんの中心になった。ラジオ放送（そして映画）によって大衆文化は一変した。米国では，これらのメディアのスターやアイドルたちが，新聞，週刊誌を売るニューズスタンドの主役となった。

　エレクトロニクスは，大衆が個人として生活をエンジョイする可能性を拓くとともに，メディアや大衆文化を操作する"見えざる手"の可能性ももたらした。ラジオ，テレビは常に有効なプロパガンダのツールであった。その例をいくつか挙げてみよう。

　コンラッドのKDKA局は，1920年11月2日のハーディング候補対コックス候補の大統領選挙の結果を報じて有名になった。フランクリン・ローズヴェルトはラジオへの登場を集票のツールにし，大恐慌後には，不況下で苦しむ国民に自らがラジオの"炉辺談話（Fireside Talks）"で語りかけた[19]。世界政治で対立する側の国民に聴かせる謀略宣伝放送（VOAほか）や，これを妨害するために同一の周波数でノイズをかぶせるジャミング等の歴史も，エピソードには事欠かない[20]。

　1956年のハンガリー動乱の直前には，"×月×日には米国が介入する"と示唆して市民に蜂起を促すような西側からの放送があったという。60年の米国大統領選挙でケネディが僅差でニクソンに勝ったのには，二人のテレビ討論が

視聴者に与えた印象の影響があった。このときニクソンが着ていた背広の色が顔色に合わなかったと言われる。テレビの衛星中継が始まったときに米国から日本にもたらされたのは、ケネディ大統領暗殺事件の映像であった。また、共産圏の崩壊は、東側の市民が西ヨーロッパのテレビ放送を見て豊かな西側の生活を知ってしまったので引き起こされたとも言える。このように、ラジオ、テレビの歴史は政治、国際関係、プロパガンダの歴史でもある。

7. ラジオ・エレクトロニクスの発達と米国の変貌

　本節では、米国社会とラジオ・エレクトロニクスについて述べよう。電信からラジオとエレクトロニクスに至る発達は、19世紀後半以来の米国の変貌、とくに大西洋から太平洋への関心の移動という視点から見ることもできる。

　かつて米国は蒸気船によってヨーロッパと結ばれていたものの、これよりも速い連絡手段はなかった。それが、大西洋横断海底電信ケーブルによって、はじめて運輸よりも速くヨーロッパと情報交換をできるようになった。電信は、時代のハイテクであった。自転車に乗った制服姿の電報配達少年に、子どもたちはあこがれた。配達少年や給仕をしながら電信操作（モールスのトンツー）を習い覚えて電信オペレータになるのが、向上心を持つ少年の夢であった。エジソンをはじめ、地方の少年たちにとっては、都会へ将来を求めて出ていく早道は電信オペレータになることであった。

　少年が男となるためには、周囲の人たちから一人前と認められて、生活の糧を稼ぐ力をつけなければならない。米国では長らく、その力は文字通り肉体の力（殴り合い、騎馬術や射撃術）であった。評判のならずものを倒すことが、"男"になる早道であった。時代が移るとともにこれらの力は次第にルールのあるボクシングやフットボールなどのスポーツの場で示されるようになる。人間の生身の力ではできないことを可能にするテクノロジーが出現すると、そのテクノロジーを修得することが"力"となる。電信や無線を操作できる少年（のちにはラジオの組立・修理のできる少年）は、地域の大人たちの賛嘆の的となり、一人前の男以上に認められたのである。今日、コンピュータのできる

子が大人たちから畏敬されるのも同じである。

　テクノロジー社会の到来は，新しい男の価値をつくり出した。最新のテクノロジーを習得することが，肉体の力に代わって男子の通過儀礼になった。この変化は，無線・エレクトロニクスを開発して技術後進国から先進国へ変化する米国社会の成熟の過程にも重なっていた。

　こういった少年の例として，エジソンのほかにサーノフがいる。のちにRCAのドンとなったサーノフは，ユダヤ系ロシア移民の子で，米国マルコーニの電信会社にボーイとして入り，のち電信オペレータになった。時折ニューヨークにマルコーニが来ると，マルコーニが親しい女友達にメッセージを届ける使い走りとしてサーノフが重宝されたという。サーノフは，タイタニック号遭難の知らせを受信してそのまま徹夜で電信機から離れなかった少年電信手として，米国の国民的ヒーローになった。その後，彼は目覚しく昇進していく[21]。

　1898年の米西戦争でスペインからフィリピンやグアム島を獲得した米国にとつて，広大な太平洋地域との通信が重要になった。太平洋をカバーする無線通信網と北アメリカ大陸横断電話網の整備が急がれた。

　新しい工業であるエレクトロニクスは，次第に重心を西へ移す。スタンフォード大学のターマン（Frederick E. Terman. 1900-82）をはじめとするパイオニアたちは，西海岸に電子工業を築いた[22]。半導体のシリコン・バレーはその成功例のひとつである。太平洋戦争，朝鮮戦争，日米貿易摩擦，東アジア諸国の電子工業の台頭と，太平洋地域における競争が重要になってくる。こうして，エレクトロニクスの歴史は，大西洋から太平洋へという米国史の関心事の変化でもあった。

　真空管と無線電話が登場し，ラジオ放送が開始されて以後は，米国のパイオニアたちが無線技術で世界の先頭に立つようになった。その基盤となったのは燎原の火のごとく広がったアマチュア無線（ハム）熱であった。

　テクノロジー修得による男としてのアイデンティティ確立を求めて，都市近郊の白人中流家庭の男の子の多くがラジオ工作に熱中し，ハムになった。1912年には米国に数十万人のアクティブなアマチュア無線家がいたと言われる[23]。ラジオ雑誌がラジオ工作少年やハムたちの道しるべでもあり，一種の牽引車で

あった．コンラッド，アームストロング，時代は下ってターマン，送信用電子管製造会社アイマック（Eimac）を設立したウィリアム・アイテル（William Eitel）とジャック・マクロー（Jack A. McCullough）らは，いずれも熱心なアマチュア無線家であった．米国第31代大統領フーバーもアクティブなハムで，米国アマチュア無線連盟の会長を務めた．コンピュータと半導体の時代にも，アップル社を創立したウォズニアク（Stephen Wozniak）や，ビデオ・ゲームの生みの親というべきブッシュネル（Nolan Bushnell）ほか多くのパイオニアたちがハムであった．

8. アマチュアとエレクトロニクス技術者の形成

　アマチュア無線やラジオ組立て工作というホビーについてさらに述べよう．ハムにとって，アマチュア無線は成人男子となるための通過儀礼であった．第二次世界大戦後に日本の少年の多数がラジオ工作をしたのも，彼らが自らのアイデンティティを探し，大人たちからの認知を求めた行為であった．こうして大人になった者の多くが，エレクトロニクス技術を生涯の営為とするようになったのは自然である．

　無線の草創期には，無線を教える学校はなく，無線に興味を持った個人が研究家・実験家になった．米国の大学の電気工学科では，第二次世界大戦前までは電力技術が主流で，無線技術を教えたり研究することはまれであった．無線技術では常に周波数帯域を問題にし，周波数が変化したらどうなるかを論じる（いわゆるf特性）．これとは対照的に，電力技術では50ヘルツか60ヘルツに決まっているので，周波数は係数のひとつにすぎない．このように無線技術は，技術内容が電力分野と違い，しかも大学に太い根をおろしていなかったので，自由な雰囲気とアマチュア的色彩があった．

　大学で無線技術を研究しようとする者にとって，電力技術は既成のエスタブリッシュメントであった．スタンフォード大学でターマン（相当に年配の読者には，彼の著書 *Radio Engineering* を熱心に読んだ人が多いであろう）は，大学で既成勢力に取り囲まれながら電子工学を根づかせるのに相当に苦労した

ようである。この経験が彼をしてエレクトロニクス教育に邁進させ，さらに，シリコン・バレーのもとを拓かせた。

このようなアマチュア的色彩は米国だけに限らない。たとえば，フランスの場合，フランス電気電子学会（Société des électricians, électroniciens et radioélectriciens）は，フランス電気学会（Société française des électricians）とフランス無線学会（Société des radioélectriciens）が1972年に合併してできたものであるが，後者は1921年に無線愛好会（Société des amis de la T. S. F.）として設立された団体であった。

のちに電子工業が発展し，エレクトロニクス教育が整備されると，学校・大学で電子技術を学んだ者が会社に勤務してエレクトロニクスを支えるようになった。しかし，彼らの多くは，学校でエレクトロニクスを学ぶ前から，ラジオ工作少年，あるいはアマチュア無線家であった。彼らは，学校で技術を教えられ，入社した会社で配属された分野の仕事をして給料をもらうのではなかった。形のうえでは確かにそうであるが，エレクトロニクスの技術が好きでやめられないから，これを生涯の仕事にしたのである。

電力技術者ならば，GEやウェスティングハウスといった大会社に属していて，会社間の激しい技術競争をするのが日常の営為である。これと違って，無線技術者は無線に関することならばいつでもどこでも誰とでも討論したり，一緒に実験したりする習性があった。端的に言えば，電力技術者が会社に帰属していたのに対し，無線技術者は無線技術に帰属していた。

その理由は，無線技術者のほとんどが子どもの頃からラジオ工作をしていて，工作や，電波を通じての会話で技術を習得したからである。若い頃のこういう体験が知識習得にとどまらず，ライフ・スタイルを決定するほどの影響を及ぼすのは自然なことである。彼らが大人になる人間形成・アイデンティティ形成が，この経験を通じてなされたのである。これは，後年の米国のシリコン・バレーの半導体あるいはコンピュータ技術者の多くでも同じであった。

日本では，第二次世界大戦後の相当長い期間，大学などの電気・電子工学科の学生の大多数が元ラジオ工作少年であった。日本のラジオ，テレビやオーディオの技術者たちが，所属会社などの違いを越えて日常不断に交流することが

あった。

　日本や米国に限らず，世界のエレクトロニクスのめざましい発達は，このような技術者の体質に支えられていたのである。アマチュアやラジオ工作少年の存在が，機械，化学，土木・建築といった他の技術と比較したときの，電気技術の特徴であることを指摘しておこう。エレクトロニクスにおける重要な革新が，アマチュアのスピリットを持った若者によってなされるということが，おそらく将来もあると思われる[24]。

エドウィン・ハワード・アームストロング

　アームストロングは，三極真空管による帰還（再生）発振，スーパーヘテロダイン受信方式，超再生受信方式，周波数変調（FM）を発明した。これらの大発明が同じ人によってされたとは，信じがたいかもしれない。彼は無線技術史上で疑いもなく最大の発明家である[24]。それにもかかわらず，彼の知名度はさして高くない。

　アームストロングは1890年にニューヨーク州で生まれた。父親はオクスフォード大学出版局の米国支所副所長になった人であるから，アームストロングは中流家庭出身と言ってよいであろう。彼は，高校生の頃に無線の魅力にとりつかれ，以後ずっとアマチュア無線のリーダーとして活躍した。

　コロンビア大学に入学したアームストロングは，ピューピン（Michael Pupin. 1858-1935. 長距離通信ケーブルへのコイル装荷の発明者）のもとで学び，1913年に卒業した。

　在学中に，アームストロングは三極管を用いた再生・発振回路を発明した。非減衰高周波（連続波）の発生を可能にしたこの発明によって，通信の真空管時代が拓かれた。ニューヨーク—サンフランシスコ間大陸横断電話中継や，バージニア州アーリントン—パリ間無線電話（どちらも1915年）は，この回路によるものであった。

　デフォレストとの特許係争について米最高裁判所の判決が34年に出たあと，アームストロングは米国ラジオ学会（IRE）の大会に出席して，この発明で18年に受賞したIRE名誉メダルを返還しようとした。しかし，大会は満場一致で彼の申し出を拒絶し，再生・発振回路の発明者としてのアームストロングを喝采した。

　コロンビア大学卒業後アームストロングは母校に勤め，第一次世界大戦では米陸軍通信隊士官としてフランスに出征した。このフランス滞在中の1918年に，彼はスーパーヘテロダイン受信方式を発明した。増幅困難な周波数の高い信号をいかに増幅するかという問題への解決法として，彼はこの発明を行った。

　第一次大戦後，彼はコロンビア大学の教職に戻り，のちにピューピンの後継教授となった。

　第二次大戦にも従軍したアームストロングは少佐となり，アマチュア無線家らの仲間からはメジャーと呼ばれた。彼は帰還発振とスーパーヘテロダインの特許

をウェスティングハウス社に売って豊かになったが，アマチュア無線のための使用権は残しておいた．

1921年にアームストロングは，超再生受信方式を発明した．この回路は超短波受信に広く用いられた．

彼は1923年に，マリオン・マッキニス（Marion MacInnis）と結婚した．彼女は，当時はアームストロングのよき理解者であったデービッド・サーノフ（David Sarnoff. 1891-1971. のちRCA社の社長になった）の秘書であった．マリオンは，後年に至るまでのアームストロングとサーノフ間の起伏にとんだ関係の目撃者となった[25]．

FMの発明

デフォレストとの特許係争のさなかの1933年に，アームストロングはFMを発明した．彼にとって，空電に妨害される通信や，安手のラジオセットが出すひどい音は我慢がならなかった．広帯域FM方式こそは，ハイファイ（高音質）・ラジオへ向けて，彼が正面から投げ込んだ勝負球であった．その1球に，アームストロングは自らの存在を懸けることになる．

AT＆T社のカーソン（John R. Carson. 単側波帯変調［SSB］の発明者）が，FMは空電対策には役に立たないことを理論的に証明した（1922年に発表）が，彼が扱かったのは狭帯域FMであり，アームストロングが目指したのは広帯域FMであった．

AM（振幅変調）であると，空電等のノイズを低減するには狭帯域にする必要がある．カーソンは狭帯域化がFMでは雑音低減の役に立たないことを証明したのに対し，アームストロングはFMで広帯域にするとノイズがなくなることを実証した．このエピソードは，数学による解析をはるかに上まわる発明家アームストロングの直観力を物語っている．アームストロングのFM実験放送を試聴したラジオ技術者は，誰もがそれまでのラジオやレコードとはまったく違う，生演奏と区別のつかないFM放送の音に驚愕した．ラジオでこんなよい音が聴けるとは，信じられなかったのである．FMによって，"スタチック（空電）のないラジオ"がついに現実のものになった．

彼はまた，マルチプレックスによるFMステレオ方式も開発した．FMは，第二次世界大戦後に始まって1950年代後半に盛んになったハイファイ・ブーム，およびその後のステレオ・ブームの原動力のひとつとなった．

アームストロングは自費でFM放送局を建設し，FM放送の正式開始に向け努

力した。その前に立ちはだかったのは，ラジオ工業界を牛耳るRCAのサーノフであった。アームストロング対RCA・サーノフの物語は，無線史を彩る最大の悲劇(ドラマ)である。

既成のラジオ工業界と放送界にとって，巨額の投資をしたAMラジオ・システムを覆すような新しいFMの実用化は歓迎できなかった。放送ネットワークの最大手NBCも，サーノフの率いるRCAグループの中心企業であった。サーノフは，テレビ放送用の周波数帯を確保するにはFM放送が邪魔になると考えた。テレビ（地上波放送）には多数のチャンネルを設けられるUHF（極超短波）が適しているのだが，当時の技術では周波数の高いUHFでのテレビ放送実現は困難で，VHF（超短波）が精一杯であった。

FCC（連邦通信委員会）は第二次世界大戦後に，FM放送にそれまで10年間使っていた42-50メガヘルツ帯から周波数の高い88-108メガヘルツ帯（これが現行の米国のFM放送帯である）に移るように命じた。この結果，すでに普及過程に入っていたFMの放送局と多数の受信機は使えなくなってしまった。こうして空けた周波数帯を使って，米国のテレビ放送が始まった。それでもテレビのチャンネル数が足りず，混信問題が起きたという。

FCCは，放送事業者がAM局とFM局の両方を経営して，しかも同じプログラムを放送することを許した。これは，聴取者がFM受信機を備えるインセンティブをなくす効果があった。大手メーカーもアームストロングを無視したが，GEとゼニス（Zenith）はアームストロングの特許使用許諾のもとにFM受信機を製造した。RCAグループの行動だけでなく，FCCの施策は，FMの発達を故意に阻害したと受け取られる点がある。その後，数十年が経って，ノイズに邪魔されないハイファイ（高忠実度）のFMステレオ放送が盛んになったのは，読者もよく知るところである。

アームストロングの悲運

テレビも映像信号はAMであるが，音声にはFMを使っている。アームストロングは，RCAほかテレビ関係の大手メーカーをFMの特許権侵害で訴えた。技術論争から見ると明らかにRCAらは不利と思われたが，裁判が長引けばアームストロングのFM特許の期限切れになることもわかっていた。デフォレストとの係争ではアームストロングを支持した技術者たちも，今度の裁判では巨大企業RCAの側に立って証言する者が多数であった。

この係争で疲れ切ったアームストロングは妻とも不和になり，マリオンは家を

出た。FM 特許の期限切れを前に，アームストロングは 1954 年 1 月 31 日，正装してアパートの 13 階の窓から飛び降り自殺した。彼の葬儀には，サーノフをはじめとする RCA 首脳も参列した。

　アームストロングの死は，結果として，テレビを推進しようとするサーノフと RCA の手を自由にした。サーノフは，自分がアームストロングを殺したのではないと言ったとも伝えられる。アームストロング夫人マリオンは RCA らと和解し，RCA は巨額の和解金を支払った。

　FM やテレビが常識である今日，アームストロングの悲運を知る人は少ない。RCA が FM に反対したなど，ジョークとしか思えないであろう。アームストロングの知名度が低いのは，彼の名が RCA にとってタブーとして残ったからではあるまいか。

　だがアームストロングは，決して世に知られずに亡くなったわけではない。彼は，IRE 名誉メダル，フランクリン・メダル（1941 年），米国電気学会（AIEE）のエジソン・メダル（43 年），米国メダル・フォー・メリット（45 年），フランスのレジョン・ド・ヌール賞を受けている。

　前述のように，デフォレストとの特許係争に負けたアームストロングは IRE 名誉メダルの返還を申し出たが，34 年に IRE はアームストロングへの授賞を再確認した。彼はジュネーブにある国際電気通信連合（ITU）のパンテオンに顕彰されている 24 人のパイオニアのひとりである。しかし，20 世紀に屹立する巨人アームストロングにとっては，FM ステレオ放送が人々に親しまれていることが何よりの名誉であるに違いない。

　さらに，次のように考えることもできる。技術の立場からすると，もしアームストロングが長生きして，しかも RCA との救いのない係争などなかったとしたら，どんな発明をしたかという問いである。彼が 21 世紀のわれわれにも想像のつかないような大発明をしたとしても不思議ではない。これは，決して歴史についての不毛な"If"ではない。彼が無線技術の研究を続けていれば，われわれに，現在のわれわれが持っていないものをもたらしたかもしれない。アームストロングの悲運は，その死をもって終ったのではなく，今日までの無線・通信・放送の技術から，豊かな実りを奪っているのかもしれないのである。

第9章

半導体とコンピュータ

1. 戦争とエレクトロニクスの進歩

　エレクトロニクスは人々の生活や娯楽のツールである一方で，戦争・軍事と密接に結びついているという特徴がある。第二次世界大戦（1939-45年）は，20世紀最大の事件であった。第一次世界大戦（1914-18年）では航空機が発達して戦争の様相を変えたが，第二次世界大戦からは戦争は電子技術の戦いになった。

　第二次世界大戦の帰趨に影響した技術といえば，レーダと原子爆弾がある。日本軍が敗れた理由として，敵の探索をするのに光学機器に頼り，電子兵器・無線兵器を軽視したことを挙げる人もいる。米国が開発した近接信管（proximity fuse）は相手物体に近接したことを検知する信管であり，相手物体に衝突しなくても砲弾が爆発するので，大変に効果があった。日本軍は近接信管をつくらず，赤外線で相手物体を検知する方法（有眼信管）を開発しようとした。これは，第二次世界大戦には間に合わなかったが，戦後に赤外線センサとして実用化された。

　第二次世界大戦で米国が持っていてドイツが持っていなかった技術としてトランシーバ（携帯無線機）があり，その逆として磁気録音機（テープレコー

ダ）がある。英米連合国側は，ヒットラーの演説の放送を傍受して彼がいる場所を特定し爆撃しようとしたが，何個所もの放送局からヒットラーの演説が流れてくるので，これができなかった。レコードよりも長時間録音のできるテープレコーダを，米軍は知らなかったという。

　第二次世界大戦で行われたさまざまな発明，物性研究，数理統計手法の適用などが戦後に民生技術として転用され，人々の生活を便利にした。したがって，第二次世界大戦はエレクトロニクスを大きく進歩させたと言える。他方，第二次世界大戦中には米国でもアマチュア無線が停止され，自動車やラジオ，テレビの民需生産は禁止されたから，戦争は民生エレクトロニクスの拡大を遅らせた。

　戦争終結にともなう解禁によって，米国では大規模な民生用エレクトロニクス・ブームが起きた。第二次世界大戦中には多くの人が軍隊や軍需工業に動員されて，電気技術・無線技術の速成訓練を受けたため，戦後には多数の電気関係技術者・技能者がいた。このマン・パワーや，軍の放出機器・部品が街にあふれたことも，民生用エレクトロニクス・ブームに寄与した。戦後日本のラジオとテレビの自作ブームや，秋葉原電気街の出現も，同じ例である。米国でLPレコードの登場とともに起きたハイファイ・オーディオのブームにも，同様の背景があった。

民生用エレクトロニクス

　エレクトロニクスの先端技術は，軍事用に開発され，これが民間に波及して民生用エレクトロニクスが進歩することが多い。しかし，この流れだけで電子工業を見ることはできない。軍事技術は最先端の高度の技術開発を要求するが，市場での競争にさらされることはない。競争の激しい民生用需要と違って，軍事需要は十分な利潤が保証されている。このような業態に慣れた軍事企業の体質では，変動の多い民生用生産には耐えられない。民生用エレクトロニクスの開発には，軍事エレクトロニクスの開発とは違った視点と努力が必要である。工業国にとって，民生用エレクトロニクスは重要である。民生用電子部品の品質・信頼性向上が，工業用・軍事用エレクトロニクスの基盤となった例もある[1]。

トランジスタ・ラジオの開発も，民生用エレクトロニクス工業の意味をよく示している。トランジスタを発明した米国では，その用途としては軍事技術を想定し，民生用には補聴器に使われただけであった。東京通信工業（のちソニーと改称）の井深大が渡米してトランジスタ技術を導入しようとしたとき，トランジスタをラジオに用いようという彼のアイデアを米国人は理解できなかった。その結果，日本製のトランジスタ・ラジオが米国（そしてヨーロッパも）の市場を 1950 年代から 60 年代にかけて席捲することになった。

　こうして稼いだドルで日本の電機メーカーは体質を著しく強化し，大規模な投資をして，エレクトロニクスだけでなく重電機や原子力の工場までも拡充した。米国の電機メーカーは，安定してもうかる軍事用生産に注力して民生用エレクトロニクスを軽視し，その結果，日本のメーカーに自国市場を蚕食された。このパターンは，トランジスタ・ラジオだけでなく，テレビ部品やカラーテレビ受像機などで繰り返された[2]。

　日本製品の進出に脅威を覚えた EIA（米国電子工業会）は，1959 年に OCDM（民間国防動員局）へ日本製品の輸入制限方を提訴した。**図 9.1** に，海外でベ

図 9.1　海外で人気のあったシルバー（白砂電機）の
　　　　トランジスタ・ラジオ 6 R-24 型（1963 年）

ストセラーになったトランジスタ・ラジオの例を示しておく。

トランジスタ・ラジオの歴史をやや詳しく見ると，米国のメーカーもトランジスタ・ラジオ開発を目指していたことがわかる。

テキサス・インスツルメンツ系のリージェンシー社は，トランジスタ・ラジオ TR-1 を製造し，1954 年に発売した。これが世界最初のトランジスタ・ラジオで，東京通信工業（ソニー）はいわば二番手である。TR-1 は，核戦争勃発時に核シェルターに持ち込む非常用ラジオとしての需要をあてこんだものであった。すなわち，テキサス・インスツルメンツ／リージェンシーのトランジスタ・ラジオは，民生用でありながら，冷戦と核戦争の恐怖の産物であった[3]。

これと対照的に，日本製トランジスタ・ラジオは米国の若者向けの需要をつかんだ。彼らは，親の嫌うプレスリーらのロックンロール音楽を聴くために，家の外に持ち出せるポータブル・ラジオを欲しがった。それゆえ，"日本のトランジスタ・ラジオが売れたのはエルビス・プレスリーのおかげである" と表現することもできる。米国では，"若者にとって，トランジスタ・ラジオ（単に transistor とも呼ばれた）は自由と同義語であった" と言われる。トランジスタを発明したひとりであるショックレーは，"ロックンロールの流行に手を貸すなんてことになるのがわかっていたら，トランジスタを発明しなければよかった" とこぼしたと伝えられる。差別され，大人たちに嫌われていた黒人の音楽に白人の若者がひきつけられたのであるから，「春秋の筆法」をもってすれば，"戦後日本の電子工業の躍進は米国の人種差別のおかげである" と言えるかもしれない。市場のどんなニーズをとらえようとしたかという点で，テキサス・インスツルメンツ／リージェンシーと日本のメーカーとは大きな違いがあった[4]。

2. トランジスタの登場

20 世紀後半のエレクトロニクスの拡大は，半導体と電子計算機（コンピュータ）によってもたらされた。まず，トランジスタの発明から見ていこう。

増幅・発振の機能を持つ素子を，真空管でなく固体の素子でつくりたいとい

う願望は，相当に早くからあった．この願望は，半導体を使うトランジスタによって実現された．

半導体の特徴は，温度上昇につれて電気抵抗が低下する（抵抗温度係数が負である）ことである．半導体は19世紀から知られていて，1833年にはファラデーが硫化銀の抵抗温度係数が負であることを発見している．半導体の光起電力，整流作用やホール効果も，19世紀のうちに発見されている．1906年にダンウディ（Henry H. C. Dunwoody．米）によって発明されたカーボランダム鉱石検波器や，26年に米国で発明された亜酸化銅整流器は，早くから使用されていた半導体素子の例である．

20世紀に物理学者による物性研究が盛んになり，1920年代末からの量子力学の展開に続き，半導体の理論も形成されるようになった．31年には，ウィルソン（A. H. Wilson）のバンド・モデルが現れた．正孔（positive hole），ドナー，アクセプタ，ドーピング，さらに今日で言うところのp型半導体およびn型半導体，p–n接合，少数キャリアといった考え方が次第に形成された．半導体検波器・整流器の動作機構の解明はなかなか進まなかったが，40年代になってこれも進展した．

増幅機能を持つ固体素子は，1948年に米国のベル電話研究所のバーディーン（John Bardeen. 1908–91），ブラッテン（Walter Houser Brattain. 1902–87），ショックレー（William Bradford Shockley. 1910–89）によるゲルマニウム点接触型トランジスタとして発明された．この功績により，56年にノーベル物理学賞が彼らに授与された．図9.2はそのトランジスタ，図9.3はバーディーンらの三人である．

トランジスタの発明には，次のような背景があった．第二次世界大戦で極超短波レーダの検波にシリコン・ダイオードが使われて，その動作機構解明の必要があり，高純度シリコンとゲルマニウムをつくる研究が組織された．これらの戦時研究は，MIT（マサチュセッツ工科大学）のラジエーション・ラボラトリ（Radiation Laboratory）を中心に，パーデュー大学やベル電話研究所でも行われた．大学と工業界との情報交換・交流がはかられ，技術者だけでなく物理学者を主力として研究が進められた．これら戦時研究は，戦後の工業研究の

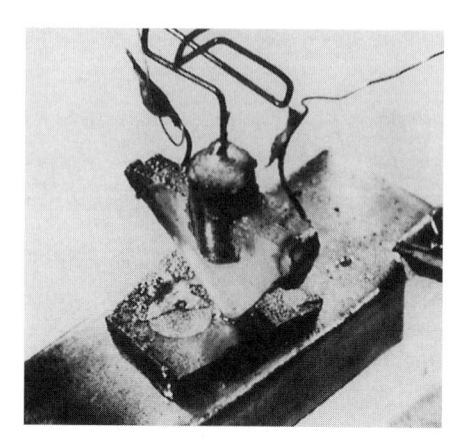

図 9.2　最初のトランジスタ

図 9.3　トランジスタを発明したバーディーン，
　　　　ブラッテン，ショックレー

基盤として役立った。シリコンやゲルマニウムの単結晶生成技術が開発され，結晶の格子欠陥を制御する技術が向上し，来歴のはっきりした試料について測定できるようになった。

　1945年6月にベル電話研究所は，継電器（リレー）や真空管では対応できない電話交換技術の問題の解決を目指して，物理学者をチームに入れ，半導体

開発研究を開始した。そこでは，物理学，化学，回路，金属の専門家である理論家と実験家が協働した。これがトランジスタの発明につながった。この発明は軍事秘密には分類されず，48年に『ニューヨーク・タイムズ』と『エレクトロニクス』に発表された。**図 9.4** は，『エレクトロニクス』に掲載された点接触型トランジスタ発明当日の記録である。『ニューヨーク・タイムズ』には，7月1日の46頁の"The News of Radio"欄に，"A device called a transistor…"で始まる小記事として報じられた。

トランジスタの発明

　増幅機能を持つ固体素子をつくるために，それまでは真空管のグリッドの作用に似た電界効果で動作することを考えていたに対し，バーディーンらは固体中の少数キャリアによって動作する素子を発明した。この研究チームのリーダーはショックレーであったが，点接触型トランジスタの発明は彼自身の手によって行われたのではなかった。彼はこれが不満で，その後の努力の結果として，1948年に接合型トランジスタの特許を申請した。この発明は彼自身のものであった。トランジスタの主流は，その後接合型になった。

　トランジスタは，真空管に比較して小型で，消費電力が小さい，寿命が長いといった特長を持っていた。しかし，トランジスタには，大電力を扱えない，

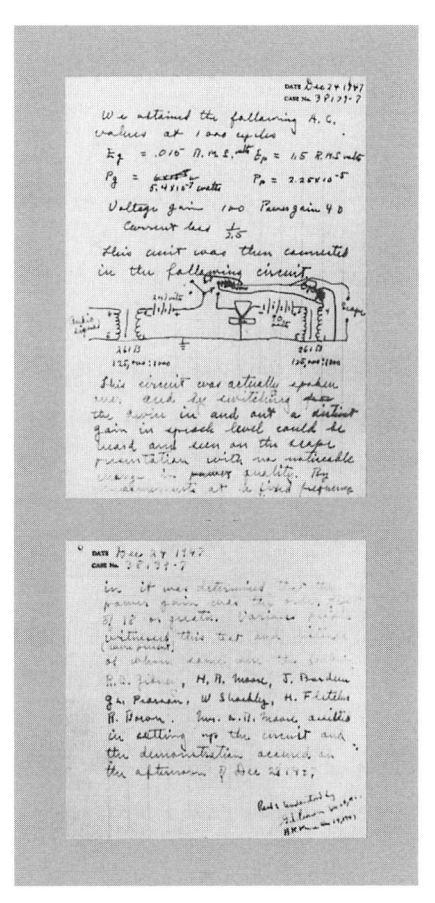

図9.4　ブラッテンによる点接触型トランジスタ発明当日の記録

熱に弱い，高い周波数（数百キロヘルツ以上）の増幅が困難である，雑音が多いなどの難点があった。点接触型トランジスタの製造は，数百人もの女工さん一人ひとりに顕微鏡を割り当てて，顕微鏡を見ながら針を立てて行うので大量生産できず，歩留まり（製品の合格率）は当初は数パーセントしかなかった。

　これらの弱点は，接合型トランジスタやシリコン・トランジスタの登場（1954年）などにより改善された。ゲルマニウム・トランジスタは温度75℃以上では使えなかったが，シリコン・トランジスタはこの点でずっとすぐれている。60年代中頃には，ほとんどすべての電子機器の半導体化（真空管式からトランジスタ式への移行）が進み，相当の小型化がなされた。

　小型化は，電子装置の回路の複雑化，信頼性向上，低消費電力化，軽量化，コスト削減といった要求に応える進歩であった。とくに軍が電子機器の小型化を求めた。第二次世界大戦中の米軍の爆撃機B-29には1,000本近い真空管が搭載されていたと言われるが，ソ連との冷戦においてコンピュータを使ってリアルタイムで警報を出すレーダ・システムが必要になると，格段の小型化・高信頼化が不可欠になった。電子回路の組み立てには部品間に線をハンダづけしていたのが，プリント配線板に部品を取りつけるようになった。小型化のために，プリント配線以外に個別部品からなる回路をユニット化するマイクロモジュールなど，さまざまな工夫がされた。結局，米軍のニーズに応えたのは半導体集積回路（integrated circuit/IC）であった。ICの発達について次項で述べよう。

3. 半導体集積回路（IC）の発達

　ICは，多数のトランジスタからなる回路を1つのトランジスタと同じような形につくったものである。IC1つの回路の故障確率はトランジスタ1つの故障確率並みなので，個別トランジスタを使ってつくった回路よりも信頼性が高く，ずっと小型で，しかも動作速度が向上し，消費電力も小さい。電子装置の故障の大半はハンダづけ不良であり，ICを使えばハンダづけ箇所は非常に少なくなるから，故障率は激減する。

1952年にイギリスのダマー（Geoffrey W. Dummer. 1909–2002）は，電子部品で実際に役に立っている体積の割合が非常に小さい（部品間の接続が大きなスペースを占める）ことを指摘し，固体の層をいくつも重ねてつくる電子回路を提案した。日本の電気試験所の垂井康夫（1929–）も57年に複合構造のトランジスタの特許を出願している。

　ICの最初の発明は誰かについていろいろ議論があるが，1959年の米国テキサス・インスツルメンツ社（Texas Instruments）のキルビー（Jack St. Clair Kilby. –2005）の特許申請と，同年のフェアチャイルド社のシリコン・プレーナ技術の特許申請が重要である。半導体ICでは，シリコン・チップ1つの上に多数のトランジスタがのっており，そこでは，同一材料（シリコン）からつくる素子を相互に絶縁するとともに，回路として接続するようにウェハーの表面，あるいは表面近くにつくり上げる。

　IC発明の先取権をめぐって，テキサス・インスツルメンツ社とフェアチャイルド社は法廷で争った。結局，IC発明はキルビー，プレーナ技術（シリコン酸化膜でパッシベーションして接合を覆う）による接続の発明はフェアチャイルドのノイス（Robert N. Noyce. 1927–90）ということになった。1961年末までにテキサス・インスツルメンツ社とフェアチャイルド社はICの商業生産を開始した。

　集積度を上げてICの特長を生かしたのが，大規模集積回路（LSI. large-scale integrated circuit）である。さらに，超LSIがつくられた。だいたいのところ，IC 1個（1チップ）に含まれている部品数が（集積度）1,000個以上をLSI，10万個以上を超LSIと呼ぶ。集積度は，1964年には約10個であったのが，69年には1,000個，70年代中頃には約32,000個，70年代末には25万個と急増した。今日のコンピュータが安価で，至るところに使われている状況は，ICによって可能になったものである。この意味で，ICの発明の意義は大きい。

　ICの発達は，軍事上の要請によるものであった。ミサイル・宇宙技術用の電子機器の故障は5万時間に1回程度であることが求められたが，当時の水準はせいぜい1,000時間に1回であった。電子素子・機器の小型化と高信頼化が強く求められ，これに政府資金が集中して投入された。

米国国防総省は，1964年までにIC開発に約3,000万ドルを費やした。IC生産実質上の1年目である62年は，ミサイルをめぐるキューバ危機の年であり，電子工業への米連邦政府支出は急増した。この支出は約100億ドルで，そのうちの92億ドルが国防省から，5億ドルがNASAからであった。これに比較して，産業界からの資金は約3分の1の32億ドルであった。この頃，エレクトロニクスに従事する科学者・技術者の給料・報酬の80パーセントが政府関係資金でまかなわれていると言われた。71年に産業界からの支出が連邦政府支出に追いつき，以後は追い越した[5]。

　IC技術のほとんどは米国で開発された。西ヨーロッパ諸国も1950年代と60年代に，約3年以下の遅れで米国のIC技術に追従した。日本は，50年代の重要な8つのIC技術については米国に3，4年遅れていたのが，60年代の主要な5つの技術については1，2年の遅れとなったとも言う[6]。20世紀末以来，韓国の台頭もある。新しい半導体技術の開発には巨大な額の投資が必要であって，激しい国際競争が続いている。

　米国では，トランジスタ製造まではRCAやGEといった真空管時代のメジャー企業も有力であったが，IC製造では新興メーカーが主力になった[7]。これは米国の半導体工業の著しい特長である。

　ショックレーは，ベル電話研究所を退職したあと，サンフランシスコ郊外のパロアルトにショックレー半導体研究所（Shockley Semiconductor Laboratories. のちShockley Transistor）を興した。彼のもとには俊秀が集まったが，そのうちの主力8人は1957年に同社を去って，パロアルトにフェアチャイルド社（Fairchild Semiconductor）を設立した。同様のスピン・オフがその後も繰り返され，フェアチャイルド社の元社員40人以上がそれぞれ半導体の会社をつくったという。この専門家・技術者・アントルプルヌールの流動性は，次々に新しい技術を生み出していった。これが，米国の半導体産業の活力の源泉のひとつであった。

　さまざまな機能を持つ半導体素子が開発され使用されていて，現代は半導体時代だということができる。その中心であるICの素材はシリコンである。半導体とコンピュータのベンチャー企業が集まっている米国のサンフランシスコ

近郊のサンノゼ一帯を，シリコン・バレーと呼ぶ。シリコンは石英や水晶を構成する原子であるので，いわば石である。ラジオ・テレビ受信機で真空管の数は4球とか5球と数えたが，トランジスタは5石とか6石と数える。こんなことから，現代は第二の石器時代である（太古の石器時代とのかけ言葉で）と言う人もいる。

4. コンピュータの発明

コンピュータは計算をする機械として始まったが，今日では計算以上の機能を果たしていて，社会に大きな影響を与えるようになった。まず，算術計算を助ける機械器具の歴史から述べよう。

1642年には，フランスの哲学者・数学者パスカル（Blaise Pascal）が，機械式の加算機をつくった。1671年のドイツの哲学者ライプニッツ（Gottfried Wilhelm Leibniz）の計算機は，歯車を使って，加減のほか乗除を計算できた。1820年頃のアルザスのコルマール（Charles Thomas de Colmar）の計算機は商業生産された最初の計算機であり，60年以上の間に1,500台も製造された。

事務用計算機としては，1885年の米国のバローズ（William S. Burrows）のプリンタつき計算機があった。86年には，米国のフェルト（Dorr E. Felt）がキーボード式加算機を発売した。

制御用の情報をパンチカードに入れておくことは，1725年にはフランスの絹織物工業で行われていた。これが，ジャカール（Joseph–Marie Jacquard）のカード式織機になった。1894年にホレリス（Herman Hollerith. 1860–1928）は米国の国勢調査用パンチカード機の特許をとった。彼の着想は鉄道の車掌が切符にパンチを入れるのを見て得られたとも伝えられる。ホレリスの会社は今日のIBMのルーツである。

イギリスの物理学者バベッジ（Charles Babbage. 1792–1871）は，1822年に数表作成用の小規模な"difference engine"（差分機械）をつくった[8]。さらに彼は33年に"analytical engine"（解析機械）の概念を発表した。彼の着想をもとに，43年にスウェーデンのショイツ（George Scheutz）が，四次多項式

を扱える計算機をつくった。今日では，バベッジはプログラム制御式の汎用デジタルコンピュータの最初の設計者とされている。

19世紀中頃にはイギリスのブール（George Boole）がデジタル演算の数学であるブール代数を研究した。彼の主著『論理と確立の数学理論の基礎である思考法則の研究』(*An investigation of the laws of thought: on which are founded the mathematical theories of logic and probabilities*) は1854年に刊行された。

アナログ計算機からデジタル計算機へ

コンピュータの開発を加速したのは，第二次世界大戦前からの弾道計算や暗号解読といった軍事の要求であった。砲手が照準を定めるには，標的はじめ変化する多くの条件を考慮しなければならず，そのために，あらかじめ計算した"射撃表"をつくった。こういった用途に計算機が必要であった。今日では，砲撃にはコンピュータによってリアルタイムで計算する自動照準システムを使う。

これらの要求に応えるために，まず，数値をアナログ量としてそのまま計算するアナログ計算機が発達した。交流計算盤や，1931年に米国のヴァーニヴァ・ブッシュ（Vannevar Bush. 1890-1974）[9]がMITでつくった微分解析機はその例である。アナログ計算機は数値の大きさ（桁数．ダイナミックレンジと言ってもよい）から見ても制約があり，のちにコンピュータの主流はデジタル式になった。

ブッシュは第二次世界大戦のときに科学動員を立案した人物で，原子爆弾開発のマンハッタン計画の生みの親であり，軍産科学複合体制の推進者であった。インターネットを始めた米国国防総省のARPAの母体は科学研究開発局（OSRD．1941年設置）で，その初代長官はMIT副学長から転じたブッシュであったから，ブッシュはコンピュータの父の役割を二度も果たしたことになる。

コンピュータの主流となった電気式デジタル計算機の最初は，1930年代のツーゼ（Konrad Zuse．ドイツ）のリレー（継電器）式計算機である。リレー2,600個を使った彼のZ3機は，1939年から41年の間につくられた。さらに，Z4

機は，50年から55年までスイスのチューリヒ工科大学で使用された。米国では39年から44年にハーヴァード大学でエイケン（Howard Hathaway Aiken）がリレー式計算機 Harvard Mark I をつくった。

　デジタル計算は，ON（閉）と OFF（開）のスイッチングによって演算を行う。デジタル計算機には非常に多数回のデジタル演算が必要であり，莫大な数の演算素子を使う。電気式計算機の演算素子としてははじめリレーが用いられたが，リレーよりも高速の真空管（1,000倍以上速い）が使われるようになった。リレーのような機械運動をする部品を使用しない計算機が，電子計算機である。今日ではこれを第一世代の電子計算機と呼ぶ。真空管を使った最初のデジタル電子回路であるフリップ・フロップ回路は，イギリスのエクルス（W. H. Eccles）とジョーダン（F. W. Jordan）によって発表された[10]。

真空管式コンピュータの登場

　真空管式コンピュータの最初の実用機は，第二次世界大戦中に砲弾の弾道計算用に米国ペンシルベニア大学で開発され，1946年に運転開始した ENIAC（Electronic Numerical Integrator and Computer）である。演算速度は，毎秒約5,000回であった。ENIAC は，**図 9.5** のように，真空管約 18,000 本を使う巨

図 9.5　ENIAC

大な設備であった。消費電力は150-200キロワットであった。

　ENIACは，エッカート（John Presper Eckert, Jr.）とモークリ（John William Mauchly）がつくったものであるが，アタナソフ（John Vincent Atanasoff. 1903-95）の試作機（彼と協力者ベリー［Clifford Edward Berry］の頭文字をとって，ABC機と呼ばれる）から直接に学んだようである。

　ENIACは，計算をする前にプログラムの設定に時間がかかった。ハンガリー生まれの米国人フォン・ノイマン（John Louis von Neumann. 1903-57）は1945年にプログラム内蔵方式を提案し，その後これがコンピュータの主流となった[11]。世界最初のプログラム内蔵方式の実用コンピュータは，イギリスのウィルクス（Maurice Vincent Wilkes）によってケンブリッジ大学で開発され，49年に運転開始したEDSAC（Electronic Delay Storage Automatic Computer）である。

　理論面では，1948年に米国のシャノン（Claude Elwood Shannon. 1916-2001）が情報理論を発表した。電気通信に関してそれまでにハートレー（Ralph Vinton Lyon Hartley. 1888-1970）やナイキスト（Harry Nyquist. 1889-1976）によって標本化定理等の情報理論があったが，以後，コンピュータと通信の分野を含む情報の理論が構築されていく。

　1949年にはソ連が原子爆弾の保有を宣言し，中国に共産政権が成立し，前年からのベルリン封鎖に続いて東西両ドイツの分裂国家が成立した。冷戦の中で，米国が核攻撃を受けることが深刻におそれられた。高度な防空システム構築に，コンピュータが必要であった。MITがつくったリアルタイム処理コンピュータ"Whirlwind"をもとに，IBMはSAGE（Semiautomatic Ground Environment. 半自動地上防空警戒管制装置. 1963年完成）用に国防総省へコンピュータを売り込み，業界の巨人に成長していく[12]。MITのフォレスター（Jay Wright Forrester）は，リアルタイム処理を可能にするために磁気コア・メモリを開発した。

5. 商用コンピュータから第三世代コンピュータまで

　1950 年頃に，コンピュータの商業生産が始まった。51 年に米国の国勢調査用に納入された UNIVAC 1（UNIVAC は Universal Automatic Computer の意味である）は，そのはしりである。同機は，52 年の大統領選挙で，おおかたの予想に反するアイゼンハワーの圧勝を予測したことでも有名である。このコンピュータは入力と記憶用に磁気テープを使っていた。同年に，IBM 社が科学計算用の 701 機でコンピュータ業に参入した。701 機には，磁気ドラム記憶装置も使われていた。その後，705 機の成功によって，同社は 59 年までにコンピュータ業界の覇権を確立した。

　1959 年には，IBM が全トランジスタ式コンピュータ 7090 を発表した。演算素子に真空管でなくトランジスタを使うコンピュータを第二世代コンピュータという。

　真空管は，電球から発達したもので加熱用フィラメントがあり，消費電力と発熱が大きく，そのうえ寿命が短かった。真空管の寿命が平均 1 万時間であるとすると，1 万本の真空管を使った計算機は平均して 1 時間に 1 回故障することになり，これでは信頼性が低くて使用に困る。ENIAC 開発では，寿命 25,000 時間から 5 万時間の真空管が求められた。トランジスタはフィラメントを持たず，長寿命で，小型，小消費電力である。信頼性の高いトランジスタの使用によって，コンピュータ技術は開花する。

　日本の後藤英一は，演算素子として磁性体を使うパラメトロンを 54 年に発明した。これを使ったコンピュータも実用化されたが，演算速度がトランジスタ式に及ばないので姿を消した。軍のニーズと資金にリードされた米国の場合と違って，日本のコンピュータ開発は小規模であるという宿命を負っており，パラメトロンのエピソードもその例である。

　次に登場した半導体集積回路（IC）では，小型，省消費電力，長寿命・高信頼性および高速演算といった特性がさらに進んだ。IC を使ったコンピュータを第三世代コンピュータと呼ぶ。64 年に発表された IBM 360 がその最初とさ

れている。冷戦の中で、軍事面からコンピュータのいっそうの高速化が求められた。侵入機やミサイルを発見してから10分程度のうちに、これに対処して迎撃に移る防空システムの構築がはかられた。第三世代のコンピュータがこの要求に応えた。さらに、大規模集積回路（LSI）によってコンピュータの能力は急激に向上した。

　コンピュータが進歩するとともに、科学ほかさまざまな分野の計算にこれが使われるようになった。日本ではコンピュータが高価であったので、拠点大学に計算機センターを置いて、計算はここに依頼して行った。1960年代には、日本でもメーカーがコンピュータを本格的に生産するようになり、大学や研究所ごとに計算機センターが設置されるようになった。コンピュータ・センターに行くのではなく、端末を研究室に置いて計算することも行われるようになった。

　さらに、研究の現場等で専用に使うミニコンピュータが現れた。最初のミニコンピュータは、米国で弾道ミサイル誘導のために1960年代初めに使われた。DEC社のコンピュータPDP-8は非常に成功し、78年までに4万台のPDP-8ファミリが生産された。その後、性能がミニコンピュータをはるかに越える小型・安価なマイクロコンピュータ（マイコン）が普及して、ミニコンピュータはなくなった。

　計算機という機械自体が進歩すると、プログラミングが追いつかない状況が現れた。これに対処するのに、多数のプログラマーを動員すればすむわけではないことが認識された。1959, 60年頃から"ソフトウェア"という言葉が使われるようになり、60年代にはソフトウェアの開発方法を研究するためにソフトウェア工学が形成された。

6. マイコン、パソコンからインターネットへ

　1971年には米国のインテル社が4ビットのマイクロコンピュータを発表した。これに使われるマイクロプロセッサ4004は、約3ミリメートル×4ミリメートルのシリコン板の上につくった2,250個のトランジスタを持っていた。ここから、マイクロコンピュータ（マイコン）時代が始まった。

図9.6 インテル4004発売の広告

　インテル（Intel. Integrated Electronics を略したものである）は，フェアチャイルド社からスピン・オフしたノイスらが1968年に設立した会社である。誰がマイコンのアイデアを出したかについては，諸説がある。インテル社のホフ（Marcian E. Tedd Hoff），ファジン（Federico Faggin. 1941-）らと，日本の電卓メーカーであるビジコン社から参加した嶋正利（1943-）らが発明者として挙げられる。ビジコン社が電子式卓上計算機用LSIの開発をインテル社に依頼する過程で，専用ICをいくつも開発するよりも小さな汎用コンピュータ（マイクロプロセッサ）を電卓機能のプログラムと組み合わせる方式を選択した。
　こうして，マイクロプロセッサ4004が誕生した。部屋ひとつを占有するような計算機が，小指よりも小さいLSIになったのである（4004発売の広告である図9.6を見られたい）。嶋がインテルに移って開発した8ビットマイクロプロセッサ8080は大ヒットした。彼はさらに，ファジンが興したザイログ（Zilog）社で，Z80を開発した[13]。
　半導体メモリについて触れておこう。インテル社は，ダイナミック・ランダム・アクセス・メモリ（DRAM）で成功し，成長した。創立後1年の1969年にバイポーラ64ビットのメモリ・チップを発売している。同社は70年にすで

に，1キロビットのRAMをはじめてつくっている。64キロビットのRAMは，78年にまずテキサス・インスツルメンツ，次にモトローラによって製造された。

　パーソナル・コンピュータ（パソコン）は，マイクロプロセッサにキーボードなどをつけ加えて，個人で使えるようにしたコンピュータで，1970年代中頃に登場した。原初的なパーソナル・コンピュータとして，アルテア（Altair）8800が挙げられることがある。

　1976年にシリコン・バレーで設立されたアップル（Apple）社は，77年にアップルⅡを発売した。同社はコンピュータ・ホビーイスト（ハッカー hacker と呼ばれる）であるウォズニアク（1950-）とジョブズ（Steve Jobs. 1955-）[14]らによって始められ，会社も製品もマニア的であった。プラスチック・ケースに入っていて，ディスク・ドライブを内蔵したアップルⅡは，パソコン・ブームを起こした。同機は，マニアでないユーザー向けにも広く成功をおさめ，発売後3年半の80年9月までに13万台を販売した。

　1981年にはIBMがパソコン市場に参入し，84年にはアップル社がマッキントシュ（Macintosh）を発表した。その後，IBMがマッキントッシュに勝利する。これは，好きでパソコンを使用する人から一般ユーザーへと，需要が変化した結果であったとも言えるであろう。

　高速の大容量一時記憶装置が発達して，リアルタイム処理できるコンピュータが利用できるようになると，刻々変化する状況に応じた計算をする対話型処理が可能になった。防空システムだけでなく，鉄道や航空機の座席予約，製鉄の圧延などへの利用である。

　コンピュータ・ゲーム（ビデオ・ゲーム）も対話型リアルタイム処理である。1972年にシリコン・バレーのサンタクララでブッシュネル（1943-）によって設立されたアタリ（Atari）社は，"ポン"（Pong）を発売して成功した。同社は73年にテレビ受像機を利用するホーム・ビデオ・ゲームも発売し，ゲームセンター・ゲームだけでなくホーム・ビデオ・ゲームでも大成功をおさめた。76年発売のアタリ2600は，カートリッジ式ゲームソフトを差し替えていろいろなゲームをすることができた。

　こうして，コンピュータという器械よりも，ゲームというソフトを売る時代

になった。1978（昭和53）年には日本のタイトー社がスペース・インベーダ・ゲームを開発し，米国でも人気が沸騰した。さらに，任天堂が"マリオブラザーズ"などのゲームで，日本や米国のホーム・ビデオ・ゲーム界を制覇した。

1969年には，米国国防総省のARPA（Advanced Research Project Agency. 高等研究開発局）のネットができた。これが90年にインターネットとなった。インターネットが普及して，コンピュータ利用はパソコンという機械中心の時代から，情報ネットワークの時代になった。

7. コンピュータ関連企業の盛衰

急速なコンピュータ技術の革新の中で，企業の盛衰も激しかった。まず，メーカーについて見よう。

先進国である米国では，エッカートとモークリが興してつくった会社が，レミントン・ランド（Remington–Rand）の傘下に入り，UNIVACを開発した。事務機・測定器など隣接部門から，バローズ（Burrows），IBM，NCR（National Cash Register），ハネウェル（Honeywell）などの参入が相次ぎ，RCA，GEといった大手総合電機メーカーもコンピュータ開発・製造にのりだした。しかし，結果はIBMの独走になり，GEとRCAはそれぞれ1970年と72年に撤退した。66年には，ヒューレット・パッカード（Hewlett–Packard）が参入した。UNIVACから退社した社員がCDC（Control Data Corporation）を設立し，さらにこれからスピン・オフしたクレイ（Seymour Cray）がクレイ社をつくった。CDC，クレイは，IBMとともにスーパー・コンピュータ業界で有力な会社になった。

ミニコンピュータでは，DEC（Digital Equipment Corporation）のほか，データ・ジェネラル（Data General）やインターデータ（Interdata）といった新しい会社と，ヒューレット・パッカード，テキサス・インスツルメンツ，ハネウェルなどの既成のメーカーが競争を繰り広げた。技術，製品，会社のめまぐるしい展開と入れ替わり，および開発する技術者の流動性は，米国のコンピュータ工業・半導体工業の特色である。

これと対照的に，イギリス，ドイツ，日本では，コンピュータも半導体も既

存の大手電機メーカーが製造することが多かった。米国では，コンピュータ産業は軍の巨大なニーズと資金に支えられて成長してきた。これのない日本の場合，コンピュータ製造産業は電機産業から独立しなかった。メインフレームのコンピュータ開発には大変な投資を必要とするので，米国だけでなくヨーロッパや日本でも，既成の大手電機メーカーであってもその負担にたえかねてコンピュータ事業から撤退した例もある。

ハードよりもソフトの重要な時代になって，マイクロソフト社（ゲーツ［William Gates］が1975年に設立）が隆盛を誇っている。任天堂ほかのゲーム企業も，繁栄している。現在は，携帯電話ネットを含む情報ネット企業が脚光を浴びている。

8. コンピュータの変化

第二次世界大戦後の半世紀に，コンピュータもずいぶん変化した。この変化の意味について少々考えてみよう。

コンピュータの変化を，次のようにまとめることができるであろう。
・大型の機械→小さなチップ
・集中型→分散型
・単体→組込用
・計算センターへ出かけていって計算を依頼→自室でパソコンを使う
・バッチ処理，タイム・シェアリング→リアルタイム処理，対話型処理
・ハード中心→ソフト中心，さらに情報ネットワーク中心
・狭義の計算→情報・制御の多様な用途
・軍事・科学・業務用→民生・娯楽用

ただし，これら左側の形態も消え去ったわけではなく，重要な存在として残っている。

現代社会はコンピュータによって動かされていると言ってもよい。今日のコンピュータには，スーパー・コンピュータ，メインフレーム・コンピュータと呼ばれる大型機のほか，パーソナル・コンピュータ（パソコン）がある。

パソコンの中心部分である演算装置マイクロプロセッサは，マイコンとしてロボットやゲーム機から炊飯器，携帯電話まで種々の機器に組み込まれている。大学や研究所にはメインフレーム・コンピュータがあって，研究室にある多数の端末とやりとりしながら計算を引き受けている。これと似た形で，一国には計算センターが1つあればよいと考えられた時代があった（それどころか，全世界に計算センターが2，3ヶ所あればよいという議論さえあった）。今日のように，至るところにパソコンや組み込みマイクロプロセッサがあってはたらいていたり，個人がコンピュータを独占して使うなど，誰も想像しなかったのである。

　コンピュータは計算速度が非常に速いので，1台で非常に多くの情報を制御できる。それゆえ，コンピュータを使うとすべてを一元管理できる。この考えを進めていくと，コンピュータは国民を管理統制するツールになる。国民総背番号制や住民基本台帳等に使われて，コンピュータは市民を統御する。フランス語ではコンピュータを ordinateur というが，コンピュータはたしかに整理と秩序の道具である。これに対し，分散して多数が存在し，市民がめいめいに使うパソコンは，市民の自由を増進する機能がある。

　パソコンの発明は，集中型から分散型へとコンピュータの社会的機能を変えた重大発明である。インターネットが今後の社会をどう変えていくか，市民の自由とどうかかわるかといったことも，今後重要な問題である。

日本人が世界最初にした電気の発明

　明治期以来，日本の電気技術はずっと欧米の後を追ってきた。そのキータームは近年まで"キャッチアップ"であった。日本独自の発明・発見や開発はなかったのだろうか。日本独自であったり，世界水準に到達したということだけでなく，世界をリードし，世界の電気技術に影響を及ぼしたようなことはあったのだろうか。このような観点から，いくつかを挙げてみたい。

　まず，電気回路のテブナンの定理は日本の鳳秀太郎によって発見されていたと言われるが，これは欧米では事実上知られていない。鳳は，与謝野晶子の異母兄であり，彼女と違って日露戦争のときは熱烈な主戦論者であった。彼女が与謝野鉄幹と結婚するときには鳳は大反対したというエピソードも残されている。

　これに似た例として，周波数が変化したときのインピーダンスの記述に使うスミス・チャートは，日本の水橋東作が先に考案したという説もある[15]。逆の場合であるが，通信用の無装荷ケーブルは，日本人の発明とする説と欧米人の発明であるとする説がある。

　1912（明治45）年のTYK式無線電話は，日本独自のすぐれた技術であった。火花放電で電波を発生する無線電話として，これは"瞬間風速"では世界のトップであったが，真空管によって連続波が発生できるようになって，この技術の意味はなくなった。TYKは，発明者である電気試験所の鳥潟右一，横山英太郎，北村政次郎のイニシャルである。

　電気技術史上の日本の大発明といえば，ずばり，八木・宇田アンテナ（1925年）である。送信機からつないだアンテナの金属線（放射器 radiator）と向かい合わせて，金属線（反射器 reflector）を置くと，反射器と反対の向きに電波が強く出ていく。さらに，放射器から見て反射器と反対側にもうひとつ金属線（導波器 director）を置くと，導波器を越える方向に非常に強く放射される。一見ふしぎであるが，電波は導波器（放射器よりも少し短くしておく）で反射されるのでなく，導波器の方向に強く出るのである。このアンテナは，受信アンテナとしても，同様に方向性（指向性）を持つ。これが八木・宇田アンテナであり，とくに超短波以上の送受信に広く用いられている。

　八木・宇田アンテナは，テレビ受信用アンテナとしてなじみ深く，どこの国でも使っている。テレビ塔から遠い地方の集落ほどこのアンテナを高く上げ，人々の生活に入り込んでいる。

このアンテナは，発明後しばらくは日本では評価されず，欧米で先に使用された。第二次世界大戦中に日本軍がシンガポールで捕獲したイギリス軍の無線装置（位置標定装置）に，八木・宇田アンテナが使われていた。見たことのないアンテナなので，捕虜となったイギリス軍人に"これは何だ？"と質問したら，"日本で発明されたヤギ・アンテナだ"という返事があったという話まで残っている。日本がいかに電子技術の開発を軽視していたか，それが日本の敗戦の原因であるといった文脈で，よく語られるエピソードである。

　この発明は，東北大学の八木秀次と，共同研究者であった宇田新太郎[16]によって行われた。八木・宇田アンテナは"八木ナンテナ"と呼ばれることがあり，これは宇田の貢献を無視する行為であるという抗議が起きる。このようなあつれきがあって日本が世界に誇るべきこの大発明が語られることが少ないのは，残念である。

　1965年に商品化されたテンキー式電卓も，日本人の発明である。前述のように，その開発者のひとり嶋正利は，マイコンの発明にもかかわった。

　トランジスタ・ラジオもジャパニーズ・テクノロジーの代表である。ソニー（東京通信工業）のトランジスタ・ラジオについては前述した。同社のトランジスタ・ラジオ開発には，NHK技術研究所の相当な指導があったこともつけ加えておこう。

　電力技術分野では，酸化亜鉛避雷器が世界に誇ることのできる発明である。松下電器は，1968（昭和43）年に酸化亜鉛バリスタを開発した。バリスタは，異常電圧が入ってきたときの事故防止に使われる。松下電器が開発した酸化亜鉛バリスタは電子装置向けの比較的低電圧用であって，高電圧・大電力用ではなかった。しかし，明電舎がこれを電力系統用の避雷器に使おうとし，1972（昭和47）年から松下電器と共同で開発を進めた。電力系統用酸化亜鉛避雷器は1975（昭和50）年にはじめて使われ，今日では世界中で広く採用されている。明電舎以外の大手電機メーカーには，松下電器と共同開発を行うのにためらいがあったとも言われる。欧米諸国は日本で開発されたこの避雷器の採用を好まず，酸化亜鉛以外の材料を試みたが，成功しなかった。英語では，酸化亜鉛避雷器はzinc-oxide arresterではなくmetal oxide arrester（酸化金属避雷器）と呼ぶ。日本による発明の名称を使いたくないという欧米の感情が，ここにみてとれる。欧米から"眼の仇"にされるほどであるから，酸化亜鉛避雷器は重要な発明であると言えるであろう。

日本人が世界最初にした電気の発明

むすび——電気技術の将来

　ギルバートの近代電気学の成立から数えて4世紀,ボルタの電池以来の動電気の時代に入って2世紀が過ぎた。電気技術は,19世紀中葉に電信技術として成立してから,約1世紀半の歴史を持っている。電気技術は,今後どのように進んでいくであろうか。

　電気技術は,機械,化学,土木・建築といった他の技術と違って,古代以来の歴史を持たず,職人の伝統もなかった。電気技術はこの意味で新しい技術である。電気学は物理学や化学の一部分として始まり,技術としては機械技術から分立する形で成立した。単純化すれば,電気技術の理論は物理(ことに電磁気学)で,プラクティスは機械であった。物理という厳密な科学に基づいていることは,他の古い技術と違う電気技術の特長である。オーム以来,回路の理論が形成され,さらに交流回路の理論がつくられて,物理学とは別個の電気工学が最終的に形成された。電気工学の中核は電磁気学と回路理論であり,この2つが電気工学教育カリキュラムのコアであるとされてきた。

　本書では,主としてこのような歴史を述べた。しかし,コンピュータを中心とする今日の情報技術者には,電磁気学は必須の知識ではなく,回路の知識も必要とは限らない。この2つをよりどころとする"電気工学"というくくりがこれからも可能であるかどうか,疑問がある。日本の大学の電気系学科でも,電磁気学を必修科目から外そうとする動きがある。しかし,学校で教える電気工学がどのように変容しても,電気技術は,生活,工業,軍事のツールとして,今後も社会と深いかかわりを持ち続けるであろう。

付録——電気の歴史の本

　電気の歴史についてさらに知りたいという読者のために，本をいくつか挙げておこう。洋書が多いが，比較的近年にリプリントされたものもあるので，入手は困難ではない。邦文の書は，洋書よりも多数回の書き写し作業を経ているから，いわゆる孫引きである可能性が高く，信頼できるとは言えない。

　電気の通史の多くは電気技術者が書いたものであって，ナレーションが中心である。批判的な分析や大局的な評価は期待できない。最初の古典としてまず，

（1）Joseph Priestley, *The History and Present State of Electricity with Original Experiments,* 2 Vols., 3rd ed., London, 1775.

を挙げておこう。プリーストリは酸素の発見者として有名である。

　電気史書は，電信や電灯照明といった電気の応用が成立してから，通俗書も含めいくつも現れるようになった。そのうち，古典と言うべきものとして，次の4つがある。

（2）E. Hoppe, *Geschichte der Elektrizitat,* Leipzig, 1884.

（3）Park Benjamin, *A History of Electricity（The Intellectual Rise in Electricity）*, New York, 1898.

（4）Paul Fleury Mottelay, *Bibliographical History of Electricity and Magnetism chronologically arranged,* London, 1922.

（5）Georg Dettmar, *Die Entwicklung der Starkstromtechnik in Deutschland,* 2 Vols., 1940 and 1991, ETZ-Verlag, Berlin.

　（2）は1880年代まで（電信，電灯照明，直流発電機・電動機と初期の交流発電機まで），（3）はフランクリンまで（1750年頃まで）の発明発見史である。（4）は1821年までの詳細な年代史で，典拠を詳細に示してある。（5）はドイツにおける重電技術の歴史が主題であり，第1巻のあと，著者の死後にドイツ電気学会（VDE）により第2巻が刊行された。

　読みやすいものとして次がある。

（6）Malcolm Maclaren, *The Rise of the Electricity Industry during the Nineteenth Century,* Princeton, 1943.

（7）Percy Dunsheath, *History of Electrical（Power）Engineering,* Faber, London/ MIT Press, Cambridge, 1962.

(8) Fritz Frauenberger, *Elektrizität im Barock ; Vom Frosch zum Dynamo ; Vom Kompaβ bis zum Elektron,* Deubner, Köln, c. 1964 (3冊のシリーズ本).
(9) Kurt Sattelberg, *Vom Elektron zur Elektronik : Eine Geschichte der Elektrizität,* Elitera, Berlin, 1971.
(10) Herbert W. Meyer, *A History of Electricity and Magnetism,* MIT Press, Cambridge, 1971.
(11) Brian Bowers, *Electric Light and Power,* Peregrinus, London, 1982.
(12) W. A. Atherton, *From Compass to Computer : A history of electrical and electronics engineering,* San Francisco Press, San Francisco, 1984.

このうち，(12) は半導体やコンピュータといった20世紀の技術とその評価についても詳しく書いている。

コンパクトな文献リストとして，次がある。
(13) Bernard S. Finn, *The History of Electrical Technology–An annotated bibliography,* Gerand, New York, 1991.

近年，イギリス，ドイツ，フランスの電気関係学会は電気技術の歴史関係の本を刊行している。(5) の第2巻や (11)，下記の (17)，(18) はその一部である。フランスの例として次がある。
(14) *Histoire Générale de l'Electricité en France,* Vol.1–, Fayard, Paris, 1991–.

日本人による電気史研究の水準を示す書として，次を挙げておこう。
(15) 矢島祐利，『電磁気学史』，岩波書店，1950年.
(16) 高木純一，『電気の歴史—計測を中心として』，オーム社，1967年.

19世紀までの電磁気学の発達史は電磁気計測史とほとんど重なるので，電気工学を学ぶ者にとって (16) は興味深いであろう。高木は，日本で最初の電気技術史家と言うべき人物である。

年表として次がある。これは48の分野別の年表であるので，個々の分野の発達史を追うには便利である。
(17) VDE–Ausschuss "Geschichte der Elektrotechnik", *Eine Chronologie der Entdeckungen und Erfindungen vom Bernstein zum Mikroprozessor,* VDE–Verlag, Berlin, 1986.

電気の人名事典も挙げておこう。
(18) Kurt Jäger, *Lexikon der Elektrotechniker,* VDE Verlag, Berlin, 1996.

次は網羅的な人名事典ではないが，電気技術史上のパイオニアを中心に約100項目を述べている。これは，米国で最初の電気技術史家と言うべきブラッテン (James

E. Brittain) が米国電気電子学会機関誌に 1991 年から 99 年にかけて執筆した記事を集めた本で，信頼できる。八木秀次，宇田新太郎の項もある。

(19) *Scanning the Past : A history of electrical engineering and its' pioneers*, IEEE, 1999.

電気技術のうちの個々の分野の歴史については，イギリス，ドイツ，フランスの電気関係学会から刊行されたものが役に立つ。関心のある読者は，電気学会誌に書いた次の解説を参照されたい。

(20) 高橋雄造，"欧米の電気関係学会から刊行されている電気技術史の本"，『電気学会論文誌 A』，117-A 巻，1997 年，540，790 頁．

参考文献

第1章

(1) Hans Prinz, *Feuer, Blitz und Funke*, Bruckmann, München, 1965, pp. 8-36.
(2) Paul Fleury Mottelay, *Bibliographical History of Electricity and Magnetism*, London, 1922, p. 20.
(3) Bern Dibner, *Early Electrical Machines*, Burndy Library, Norwalk, 1957, pp. 7-8.
(4) 中野定雄他訳,『プリニウスの博物誌』, I巻, 雄山閣, 1986年, 96頁.
(5) 小田島雄志訳,『テンペスト』, シェイクスピア全集36, 白水社, 1983年, 27頁.
(6) 沈活,『夢渓筆談』, 437条, 588条, 平凡社版, 第3巻, 1981年, 19-20, 243頁.
(7) Brother Potamian and James J. Walsh, *Makers of Electricity*, Fordham University Press, New York, 1909, pp. 1-28.
(8) 同上；Joseph Needham, and Wang Ling, *Science and Civilization in China*, Vol. 4, Physics, pp. 229-334（邦訳：ジョセフ・ニーダム,『中国の科学と文明』, 思索社, 7巻, 1977年, 279-401頁）.
(9) 吉田忠, "ギルバートの磁気哲学",『ギルバート』（科学の名著7）, 朝日出版社, 1981年, (5)-(87)頁.

第2章

(1) William Gilbert, *De magnete*, translated by P. Fleury Mottelay, Dover, New York, 1958 ; Duane H. D. Roller, *The De Magnete of William Gilbert*, Menno Hertzberger, Amsterdam, 1959 ;『ギルバート』（科学の名著7）, 朝日出版社, 1981年.
(2) Otto von Guericke, *Neue (sogenannte) Magdeburger Versuche über den leeren Raum*, übersetzt und herausgegeben von Hans Schimank, VDI-Verlag, Düsseldorf, 1968.
(3) Ferdinand Rosenberger, "Die erste Entwicklung der Elektrisirmaschine", and, "Die ersten Beobachtungen ueber elektrische Entladungen", *Zeitschrift für Mathematik und Physik,* Suppl. 13/*Abhandlungen der Geschichte der Mathematik*, No. 8（1898）, pp. 69-88, and 89-112.
(4) Francis Hauksbee, *Physico-mechanical Experiments on Various Subjects*, London, 1719.
(5) I. Bernard Cohen, *Franklin and Newton : An inquiry into speculative Newtonian experimental science and Franklin's work in electricity as an example thereof*,

American Philosophical Society, Philadelphia, 1956, pp. 390-313, 441-452.
(6) W. D. Hackmann, *Electricity from Glass : The history of the frictional electrical machine 1600-1850*, Sijthoff & Noordhoff, Alphen aan den Rijn, 1978, pp. 93-103.
(7) Park Benjamin, *A History of Electricity (The Intellectual Rise in Electricity)*, New York, 1898.
(8) Phillips Russell, *Benjamin Franklin : The first civilized American*, Brentano's, New York, 1926.
(9) J. L. Heilbronn, *Electricity in the 17th and 18th Centuries*, University of California Press, Berkeley, 1979.
(10) (6)の Hackmann.
(11) Fritz Frauenberger, *Elektrische Spielreien im Barock und Rokoko, Deusches Museum Abhandlungen und Berichte,* Vol. 35, No. 1, 1967.
(12) Margaret Rowbottom and Charles Susskind, *Electricity and Medicine : History of their invention,* San Francisco Press, San Francisco, 1984.
(13) 高橋雄造, "最近の科学技術博物館—エクスプロラトリアム, シカゴ科学・工業博物館, ドイツ博物館, スミソニアン国立アメリカ歴史博物館", 『博物館学雑誌』, 16巻, 1-2合併号, 1991年, 5-15頁 ; 同, "パリ工芸院(Conservatoire des Arts et Metiers)の歴史—工芸院の技術学校と技術博物館", 『科学技術史』(日本科学技術史学会機関誌), 7号, 2004年, 71-105頁 ; 同, "博物館史序説—科学技術博物館を中心として", 『博物館学雑誌』, 31巻1号, 2005年, 21-48頁 ; 同 「サウス・ケンジントン博物館, ヴィクトリア・アンド・アルバート博物館, ロンドン科学博物館の歴史—教育のための博物館の誕生と変貌」, 『科学技術史』No. 8, 2005年, 99-131頁 ; 同, "シカゴ科学・産業博物館の歴史, I, II"『博物館学雑誌』, I は, 31巻2号, 2006年, 1-18頁.
(14) 高橋雄造, 『ミュンヘン科学博物館』, 講談社, 1978年.

第3章

(1) Richard H. Shallenberg, *Bottled Energy : Electrical engineering and the evolution of chemical energy storage,* American Philosophical Society, Philadelphia, 1982.
(2) Thomas Coulson, *Joseph Henry : His life and work,* Princeton, 1950, pp. 25-64, 342-343 ; C. Blake-Colemann, *Copper Wire and Electrical Conductors : The shaping of a technology,* Harwood, Chur, 1992, pp. 141-142.
(3) E. Lenz, "Ueber die Bestimmung der Richtung der durch electrodynamische erregten galvanischen Ströme", *Poggendorff's Annalen der Physik und Chemie,* Vol. 31 (1834), pp. 483-494.

(4) L. Pearce Williams, *Michael Faraday : A biography,* London, 1965.
(5) Brian Bowers and Lenore Symons (eds.), *Curiosity perfectly satisfied : Faraday's travels in Europe 1813-1815,* Peregrinus, London, 1991.
(6) Albert E. Moyer, *Joseph Henry : The rise of an American Scientist,* Smithsonian Institution Press, Washington DC, 1997.
(7) Iwan Rhys Morus, "Different Experimental Lives : Michael Faraday and William Sturgeon", *History of Science,* Vol. 30 (1992), pp. 1-28.
(8) Rollo Appleyard, *Pioneers of Electrical Communication,* Mcmillan, London, 1939, pp. 177-219.
(9) Kenneth L. Caneva, "From galvanism to electrodynamics : The transformation of German physics and its social context", *Historical Studies in the Physical Sciences,* Vol. 9 (1978), pp. 63-159.
(10) 森ゆりこ、"オームの法則の成立過程に関する研究"、『科学技術史』(日本科学技術史学会機関誌)、3号、1999年、7-49頁。
(11) *The Papers of Joseph Henry,* Vol. 2, Smithsonian Institution, Washington DC, 1975, pp. 297-304.
(12) 第1章の (7) Potamian and Walsh, p. 258.

第4章

(1) Paolo Brenni, "Les instruments de physique et de précision", in Michel le Moël and Raymond Saint-Paul (eds.), *Le Conservatoire National des Arts et Métiers : au coeur de Paris, 1794-1994,* Conservatoire National des Arts et Métiers, Paris, 1994, pp. 165-170 ; Gloria Clifton, *Directory of British Scientific Instrument Makers 1550-1851,* Zwemmer, London, 1995.
(2) Otto Mahr, *Die Entstehung der Dynamomaschine, Geschichtliche Einzeldarstellungen aus der Elektrotechnik,* Vol. 5, Springer, Berlin, 1941, pp. 59-61.
(3) Louis Chauvois, *Histoire merveilleuse de Zénobe Gramme,* Blanchard, Paris, 1963.
(4) (2) の Mahr, p. 109.
(5) Walter Rice Davenport, *Biography of Thomas Davenport : The "Brandon Blacksmith", Inventor of the electric motor,* Vermont Historical Society, Montpelier, 1929.
(6) Franklin Leonard Pope, "The Electric motor and its applications", *Scribner's Magazine,* Vol. 3 (1888), pp. 306-321 ; Robert Charles Post, *Physics, Patents, and Politics : A biography of Charles Grafton Page,* Science History Publications, New York, 1976.
(7) J. P. Joule, "On a new class of magnetic forces", Sturgeon's *Annals of Electricity and*

Magnetism, Vol. 8 (1842), pp. 219-224.
(8) Sivanus P. Thompson, *Dynamo-electric Machinery*, 3rd ed., London, 1888, pp. 514-515.
(9) (6) の Pope ; Donald S. Cardwell, *James Joule : A biography*, Manchester University Press, Manchester, 1989 ; D. S. L. Cardwell, "On Michael Faraday, Henry Wilde, and the Dynamo", *Annals of Science*, Vol. 49 (1992), pp. 479-487.
(10) Brian Bowers, *Electric Light and Power*, Peregrinus, London, 1982, p. 89.
(11) J. Hopkinson and E. Hopkinson, "Dynamo-electric machinery", *Philosophical Transactions*, Vol. 177, 1896, pp. 331-358.
(12) Gisbert Kapp, *Electric Transmission of Energy*, 2nd ed., London, 1890.
(13) William Sturgeon, "An experimental investigation of the influence of electric currents on soft iron, as regards the thickness, of metal requisite for the full display of magnetic actions : and how far thin pieces of iron were available for practical purpose", Sturgeon's *Annals of Electricity and Magnetism*, Vol. 1 (1836-1837), pp. 470-484.
(14) (12) の Kapp ; J. A. Fleming, *The Alternating Current Transformetrs*, Vol. 1, 1889, Vol. 2, 1892.
(15) Silvanus P. Thompson, *Dynamo-electric Machinery*, 7th ed., London, 1904, pp. 23-25.
(16) 同上, pp. 27-30.
(17) 前島正裕, 一原嘉昭, "紙幣になった科学者・技術者", 『電気学会誌』, 114巻, 1994年, 52-55頁.

第5章

(1) Gerald J. Holzmann, and Bjorn Pehrson, *The Early History of Data Networks*, IEEE Computer Society Press, Los Alamitos, 1995.
(2) Volker Aschoff, "Paul Schilling von Canstadt und die Geschichte des elektromagnetischen Telegraphen", *Deutsches Museum Abhandlungen und Berichte*, Vol. 44, No. 3, 1976.
(3) Saroj Ghose, *The Introduction and Development of the Electric Telegraph in India*, Ph. D. Thesis, Jadavpur University, Calcutta, 1974.
(4) Ken Beauchamp, *History of Telegraphy*, Institution of Electrical Engineers, London, 2001, pp. 14, 103-108.
(5) *Icons of Invention : American Patent Models*, National Museum of American History, Smithsonian Institution, Washington DC, 1990, pp. 26-27.
(6) Charles V. Walker, *Electric Telegraph Manipulation*, London, 1850, pp. 101-107.

(7) J. C. Parkinson, *The Ocean Telegraph to India*, Edinburgh, 1870.
(8) Jorma Ahvenainen, *The Far Eastern Telegraphs : the history of telegraphic communications between the Far East, Europe, and America before the First World War*, Annales Acadimiae Scientiarum Fennicae, Helsinki, 1981.
(9) Daniel R. Headrick, "Câbles télégraphiques et rivalité franco-britannique avant 1914", *Guerres mondiales et conflits contemporains*, No. 166（1992）, pp. 133-147.
(10) Silvanus P. Thompson, *Philipp Reis : The inventor of the telephone, A biographical sketch*, London, 1883.
(11) Lewis Coe, *The Telephone and Its Several Inventors*, MacFarland, Jefferson, 1995.
(12) David A. Hounshell, "Elisha Gray and the Telephone : On the disadvantage of being an expert", *Technology and Culture*, Vol. 16（1975）, pp. 133-161 ; Michael E. Gorman, Matthew M. Mehalik, W. Bernard Carlson, and Michael Oblon, "Alexander Graham Bell, Elisha Gray and the speaking telegraph", *History of Technology*, Vol. 15（1993）, pp. 1-56.
(13) George B. Prescott, *Bell's Electric Speaking Telephone*, New York, 1894, pp. 126-146 ; J. E. Kingsbury, *Telephone and Telephone Exchanges : Their invention and development*. London, Longmans, Green, 1915 ; reprint, New York, Arno Press, 1972, pp. 99-112 ; Malcolm Maclaren, *The Rise of the Electricity Industry during the Nineteenth Century*, Princeton, 1943, pp. 56-59.
(14) Michèle Martin, *"Hello Central ?" : Gender, technology, and culture in the formation of telephone system*, McGill University Press, Montreal, 1991.
(15)『日本人とてれふぉん―明治・大正・昭和の電話世相史』, 通信協会, 1990 年；若井登, 高橋雄造,『てれこむノ夜明ケ―黎明期の本邦電気通信史』, 電気通信振興会, 2004 年.
(16) Ronald R. Kline, *Consumers in the Country : technology and social change in rural America*, Johns Hopkins University Press, Baltimore, 2000, pp. 23-54.
(17) Jonathan Coopersmith, "Facsimile's false starts", *IEEE Spectrum*, Feb. 1993, pp. 46-49.
(18) *The Papers of Thomas A. Edison*, Johns Hopkins University Press, Baltimore, 1989-.

第 6 章

(1) Arthur A. Bright, *The Electric-lamp Industry : Technological change and economic development from 1800 to 1947*, Macmillan, New York, 1949 ; Harold C. Passer, *The Electrical Manufacturers, 1875-1900 : A study in competition, entrepreneurship, technical change, and economic growth*, Harvard University Press, Cambridge, 1953.
(2) Walter L. Welch and Lea Brodbeck Stenzel Burt, *From Tinfoil to Stereo : The acoustic*

years of the recording industry 1877-1929, University Press of Florida, Gainesville, 1994, p. 160.
(3) Robert Friedel, Paul Israel with Bernard S. Finn. *Edison's Electric Light : Biography of an invention*, Rutgers University Press, New Brunswick, c. 1986 ; Paul Israel, *From Machine Shop to Industrial Laboratory : Telegraphy and the changing the context of American invention, 1830-1920*, Johns Hopkins University Press, Baltimore, 1992 ; Paul Israel, *Edison : A life of invention*, Wiley, New York, 1998.
(4) George Wise, *Willis R. Whitney, General Electric, and the Origins of U. S. Industrial Research*, Columbia University Press, New York 1985.
(5) Oskar von Miller, "Erinnerungen an die Internationalen Elektrizitatsaustellungen im Glaspalast zu München im Jahre 1882", *Deutsches Museum Abhandlungen und Berichte*, Vol. 4, No. 2, 1932.
(6) 第2章の (14) 高橋雄造.
(7) 第4章の (14) Fleming, Vol. 2, 1892, pp. 1-118.
(8) N. Callan, "On the best method of making an electro-magnet for electrical purpose, and on the vast superiority of the electric power of the electro-magnet, over the electric power of the common magneto-electric machine", Sturgeon's *Annals of Electricity and Magnetism*, Vol. 1 (1835-1837), pp. 295-302.
(9) F. Uppenborn, *History of Transformer*, London, 1889 ; L. Schüler, "Die Geschichte des Transformators", *Geschichtliche Einzeldarstellungen aus der Elektrotechnik*, Vol. 1, Berlin, 1928, pp. 1-39.
(10) Gertrude Ziani de Ferranti and Richard Ince, *The Life and Letters of Sebastian Ziani de Ferranti*, London, 1934.
(11) 第4章の (14) Fleming.
(12) W. Stumpner, "Zur Geschichte des Elektrizitatszahlers", *Geschichtliche Einzeldarstellungen aus der Elektrotechnik*, Vol. 1, Springer, Berlin, 1928, pp. 78-98.
(13) Edward Dean Adams, *Niagara Power : History of the Niagara Falls Power Company*, 2 Vols., Niagara Falls, 1927.
(14) *Offizieller Bericht über die Internationale Elektrotechnische Austellung in Frankfurt am Main*, 1891, Frankfurt am Main, 1894.
(15) Georg Dettmar, *Die Entwicklung der Starkstromtechnik in Deutschland*, 1940, ETZ-Verlag, Berlin, pp. 215-231.
(16) (1) の Passer, pp. 216-275.
(17) Judith A. Adams, *The American Amusement Industry*, Twayne Publishers, Boston,

1991, pp. 41-60.
(18) M. C. Duffy, "Mainline electrification and locomotive-electric systems", *IEE Proceedings*, Vol. 136, Pt. A (1989), pp. 279-289.
(19) Th. Du Moncel, "Ouverture de l'Exposition internationale d'électricité", *Lumière Électrique*, Vol. 4 (1881), pp. 177-179 ; "Souvenirs de l'Exposition internationale d'électricité de Paris 1881 et du Congres international des électriciens", *Lumière Électrique*, Vol. 7, No.41, Oct. 14, 1882.
(20) Th. Du Moncel, "Les lampes electriques a incandescence (Exposition internationale d'électricité)", *Lumière Électrique*, Vol. 5 (1881), pp. 1-16.

第 7 章

(1) Iwan Rhys Morus, "Manufacturing nature : Science, technology and Victorian consumer culture", *British Jounal for the History of Science*, Vol. 29 (1996), pp. 403-434 ; Iwan Rhys Morus, *Frankenstein's Children : Electricity, exhibition, and experiment in early-nineteenth-century London*, Princeton University Press, Princeton, 1998.
(2) William Sturgeon, *Scientific researches, experimental and theoretical, in electricity, magnetism, galvanism, electro-magnetism, and electro-chemistry*, London, 1850 ; G. L. Hodkinson, *William Sturgeon (1783-1850) : His life and work to 1840*, Master Thesis, University of Manchester, 1979.
(3) David Gooding, "Magnetic curves" and the magnetic field : Expermentation and representation in the history of a theory, in David Gooding, Trevor Pinch, and Simon Schaffer (eds.), *The Uses of Experiment : Studies in the natural sciences*, Cambridge University Press, Cambridge, 1989, pp. 183-223 ; 3 章の (7) の Morus ; Iwan Rhys Morus, "Currents from the underworld : Electricity and the technology of display in early Victorian England", *Isis*, Vol. 84 (1993), pp. 50-69.
(4) Rolo Appleyard, *The History of the Institution of Electrical Engineers (1871-1931)*, Institution of Electrical Engineers, London, 1939.
(5) *50 Jahre Elektrotechnischer Verein*, Elektrotechnischer Verein, Berlin, 1929.
(6) *50th Anniversary Number, Electrical Engineering (Journal and Transactions of the A. I. E. E.)*, Vol. 53 (1934), No. 5 ; A. Michael MacMahon, *The Making of a Profession : A century of electrical engineering in America*, IEEE Press, New York, 1984.
(7) 高橋雄造, "エアトンとその周辺―工部大学校お雇い外国人教師についての視点", 『技術と文明』, 7 巻 1 号, 1991 年, 1-31 頁；高橋雄造, "明治の人々を育てた電信修技学校と工部大学校"『電気学会誌』, 114 巻, 1994 年, 300-305 頁。

(8) Andrew Butrica, "The Ecole supérieurede Télégraphie and the beginnings of French electrical engineering education", *IEEE Transactions on Education,* Vol. E-30 (1987), pp. 121-129.
(9) 高橋雄造, "各国における技術教育の制度化―電気工学の立場から", 『大学史研究』, 15号, 2000年, 47-78頁.
(10) Bruce Hunt, "The Ohm is where the art is : British telegraph engineers and the development of electrical standards", *Osiris,* 2nd Set., Vol. 9 (1994), pp. 48-63.
(11) Wilhelm Jaeger, *Die Entstehung der internationalen Maβe der Elektrotechnik, Geschichtliche Einzeldarstellungen aus der Elektrotechnik,* Vol. 4, Berlin, 1932.
(12) J. Zenneck, *Werner von Siemens und die Gründung der Physikalish-Technischen Reichsanstalt, Deutsches Museum Abhandlungen und Berichte,* Vol. 3, No. 1, 19, 1934 ; H. Moser (ed.), *Forschung und Prüfung : 75 Jahre Physikakisch-Technische Bundesanstalt/Reichsanstalt,* Vieweg, Braunschweig, 1962.
(13) Evelyn Sharp, *Hertha Ayrton, 1854-1923 : A memoir,* London, 1926 ; Annie Canel, Ruth Oldenziel, and Karin Zachmann, *Crossing Boundaries, Building Bridges : Comparing the history of women engineers 1870 s-1990 s,* Harwood, Amsterdam, 2000.
(14) Sally Shuttleworth, "The language of science and psychology in George Eliot's Daniel Deronda", in James Paradis and Thomas Postlewait (eds.), *Victorian Science and Victorian Values : Literary Perspectives,* Rutgers University Press, New Brunswick, 1985, pp. 269-298.

第8章

(1) Claude S. Fischer, *America Calling : A social history of the telephone to 1940*, University of California Press, 1992.
(2) 第6章の (2) Welch and Burt, pp. 87-95.
(3) Andre Millard, *America on Record : A history of recorded sound,* Cambridge University Press, Cambridge, 1995, pp. 139-147.
(4) Simon Frith, *Sound Effects : Youth, leisure, and the politics of rock'n'roll,* Pantheon Books, New York, 1981.
(5) Hugh G. J. Aitken, *Syntony and Spark : The origin of radio,* Wiley, New York, 1976.
(6) Thomas Commerford Martin, *The Inventions, Researches and Writings of Nikola Tesla,* 2nd. ed., New York, 1894.
(7) *The Radio Amateur's Handbook,* 39th ed., American Radio Relay League, West Hartford, 1962, p. 10 ; W. F. Koerner, *Geschichte des Amateurfunks,* Gerlingen, c. 1963, pp.

9–12.
(8) Daniel R. Headrick, "Shortwave radio and its impact on international telecommunications between the wars", *History and Technology,* Vol. 11 (1994), pp. 21–32.
(9) James E. Brittain, *Alexanderson : Pioneer in American electrical engineering,* Johns Hopkins University Press, Baltimore, 1992.
(10) Tom Lewis, *Empire of the Air : The men who made radio,* Harper, New York, 1993, pp. 212–213.
(11) Susan Douglas, *Inventing American Broadcasting 1899–1922*, Johns Hopkins University Press, Baltimore, 1987 ; George Douglas, *The Early Days of Radio Broadcasting,* McFarland, Jefferson, 1987.
(12) Helen M. Fessenden, *Fessenden, Builder of Tomorrows,* Coward–McCann, New York, 1940.
(13) Hugh G. J. Aitken, *The Contuinuous Wave : Technology and American Radio, 1900–1932*, Princeton University Press, Princeton, 1983, p. 12.
(14) (11) の Susan Douglas, p. 93 ; (13) の Aitken, p. 446.
(15) 平本厚, "「並四球」の成立（Ⅰ）―戦後日本のラジオ技術革新", 『科学技術史』, 8号, 2005年, 1-29頁.
(16) R. W. Burns, *Television : An international history of the formative years,* Institution of Electrical Engineers, Stevenage, 1998.
(17) Elma G. Farnsworth, *Distant Vision : Romance and discovery on an invisible frontier, Philo Farnsworth inventor of Television,* Pemberley–Kent, Salt Lake City, 1990.
(18) Albert Abramson, *Zworykin : Pioneers of television,* University of Illinois Press, Urbana, 1995.
(19) Douglad B. Craig, *Fireside Politics : Radio and political culture in the United States, 1920–1940*, Johns Hopkins University Press, Baltimore, 2000.
(20) James Wood, *History of International Broadcasting,* Peter Peregrinus, London, 1992.
(21) (10) の Lewis.
(22) Jane Morgan, *Electronics in the West,* National Press, Palo Alto, 1967 ; Frederick E. Terman, "A brief history of electrical engineering education", *Proceedings of the Institute of Radio Engineers,* Vol. 64, (1976), pp. 1399–1407 ; Anna Lee Saxenian, *Regional advantage : Culture and competition in Silicon Valley and Route* 128, Harvard University Press, Cambridge, 1994.
(23) Fred Johnson Elser, *Amateur Radio : An American Phenomenon,* Ph. D. Thesis, University of Hawaii, 1991.

(24) Susan Douglas, "Oppositional uses of technology and corporatre competition : The case of radio broadcasting", in William Aspray (ed.), *Technological Competitiveness : Contemporary and historical perspectives on the electrical, electronics, and computer industries*, IEEE Press, New York, 1993, pp. 208-219 ; Susan J. Douglas, *Listening In : Radio and the American imagination*, Times Books, 1999.

(25) Lawrence Lessing, *Man of High Fidelity : Edwin Howard Armstrong, a biography*, J. B. Lippincott, Philadelphia, 1956 ; Don V. Erickson, *Armstrong's Fight for FM Broadcasting : One man vs big business and bureaucracy*, University of Alabanma Press, 1973 ; Hugh R. Slotten, *Radio and Television Regulation : Broadcast technology in the United Sates, 1920-1960*, Johns Hopkins University Press, Baltimore, 2000.

第9章

(1) Yuzo Takahashi, "Progress in the electronic components industry in Japan after World War II", in William Aspray (ed.), *Technological Competitiveness : Contemporary and historical perspectives on the electrical, electronics, and computer industries*, IEEE Press, New York, 1993, pp. 37-52.

(2) 平本厚,『日本のテレビ産業—競争優位の構造』, ミネルヴァ書房, 1994年.

(3) Paul D. Davis, "The breakthrough breadboard feasibility model : the development of the first all-transistor radio", *Southwestern Historical Quarterly*, Vol. 97 (1993), pp. 56-80 ; Michael Brian Schiffer, *The Portable Radio in American Life*, University of Arizona Press, Tucson, 1991, pp. 176-177.

(4) 高橋雄造, "ロックンロールとトランジスタ・ラジオ—日本の電子工業の繁栄をもたらしたもの",『メディア史研究』, 20号, 2006年5月, 70-87頁.

(5) W. A. Atherton, *From Compass to Computer : A history of Electrical and Electronics Engineering*, San Francisco Press, San Francisco, 1984, pp. 263-265.

(6) 同上, p. 265.

(7) John E. Tilton, *International Diffusion of Technology : The case of semiconductors*, Bookings Institution, Washington DC, 1971 ; P. R. Morris, *A History of the World Semiconductor Industry*, Peregrinus, London, 1990.

(8) Herman H. Goldstine, *The Computer : From Pascal to Neumann*, Princeton University Press, Princeton, 1972, pp. 20-22.

(9) G. Pascal Zachary, *Endless Frontier : Vannevar Bush, engineer of the American Century*, Free Press, New York, 1997.

(10) W. H. Eccles and F. W. Jordan, "A trigger relay utilizing three-electrode thermionic vac-

uum tubes", *Radio Review*, Vol. 1, Dec. 1919, pp. 143-146.
(11) William Aspray, *John von Neumann and the Origins of Modern Computing*, MIT Press, Cambridge, 1990.
(12) Stuart W. Leslie, *The Cold War and American Science : The military–industrial–academic complex at MIT and Stanford*, Columbia University Press, New York, 1993.
(13) 嶋正利, 『マイクロコンピュータの誕生』, 岩波書店, 1987年.
(14) Steven Levy, *Hackers, Heroes of the computer revolution*, Dell, New York, 1984.
(15) 水橋東作, "四端子回路のインピーダンス変成と整合回路の理論", 『電気通信学会誌』, 177巻, 1937年, 1053-1058頁.
(16) Shintaro Uda, *Short Wave Projector : Historical records of my studies in early days*, 1974.

図版出典

図の提供者と出典を示す。御協力いただいた関係の各位・機関にお礼申し上げる。

図 1.1　Courtesy : Deutsches Museum, München.

図 2.1　Hans Prinz, *Feuer, Blitz und Funke*, Bruckmann, München, 1965.
図 2.2　Hans Prinz, *Feuer, Blitz und Funke*, Bruckmann, München, 1965.
図 2.3　William Gilbert, *De Magnete*.
図 2.4　Otto von Guericke, *Neue（sogenannte）Magdeburger Versuche über den leeren Raum*, übersetzt und herausgegeben von Hans Schimank, VDI-Verlag, Düsseldorf, 1968.
図 2.5　Francis Hauksbee, *Physico-mechanical Experiments on Various Subjects*, London, 1719.
図 2.6　Hans Prinz, "Erschütterndes und Faszinierendes über gespeicherte Elektrizität", *Bull. Schweizerischen Elektrotechnischen Vereins*, Vol. 62 (1971), pp. 97-109.
図 2.7　Courtesy : Smithsonian Institution.
図 2.8　Louis Figuier, *Les merveilles de la science ou Description populaire des inventions modernes*, Vol. 1, Paris, c. 1872.
図 2.9　*La Nature*, 3 Sept. 1881.
図 2.10　Hans Prinz, *Feuer, Blitz und Funke*, Bruckmann, München, 1965.
図 2.11　Hans Prinz, "Erschütterndes und Faszinierendes über gespeicherte Elektrizität", *Bull. Schweizerischen Elektrotechnischen Vereins*, Vol. 62 (1971), pp. 97-109.
図 2.12　Coulomb, "Premier memoire sur l'électricite et magnétisme", *Histoire de l'Academie royale de sciences : avec les memoires de mathématique et de physique*, Anée 1785, Pl. 13.
第 2 章コラム図　Courtesy : Deutsches Museum, München.

図 3.1　Fritz Frauenberger, *Vom Frosch zum Dynamo*, undated.
図 3.2　Alexander Volta, "On the electricity by the mere contact of conducting substances of different kinds", *Philosophical Transactions*, Vol. 90, 1800, Pl. 17.
図 3.3　J. Le Breton, *Histoire et Applications de L'électricité*, Paris, 1884.

図 3.4　J. S. C. Schweigger, "Zusätze zu Oersted's electromagnetischen Versuchen", *Journal für Chemie und Physik*, Vol. 31（1821）.

図 3.5　Otto Mahr, *Die Entstehung der Dynamomaschine, Geschichtliche Einzeldarstellungen aus der Elektrotechnik*, Vol. 5, Springer, Berlin, 1941.

図 3.6　Courtesy : Science Museum, London.

図 3.7　Courtesy : Science Museum, London.

図 3.8　Courtesy : Smithsonian Institution.

図 3.9　高橋雄造撮影.

図 4.1　高橋雄造撮影.

図 4.2　Gisbert Kapp, *Elektrische Kraftübertragung*, Berlin, 1895.

図 4.3　"A description of a magnetic electrical machine, invented by E. M. Clarke, Magnetician, of 11, Lowther Arcade, Strand", Sturgeon's *Annals of Electricity*, Vol. 1, 1837. pp. 145–155.

図 4.4　Th. Du Moncel, *L'éclairage électrique*, Paris, 1879.

図 4.5　Th. Du Moncel, *L'éclairage électrique*, Paris, 1879.

図 4.6　Fritz Frauenberger, *Vom Frosch zum Dynamo*, undated.

図 4.8　Silvanus P. Thompson, *Dynamo–electric Machinery*, 1884.

図 4.9　Sivanus P. Thompson, *Dynamo–electric Machinery*, 3rd ed., London, 1888.

図 4.10　Silvanus P. Thompson, *Dynamo–electric Machinery*, 1884.

図 4.11　Michael Faraday, *Experimental Researches in Electricity*, Vol.. 2, London, 1844, Plate 4.

図 4.12　Sivanus P. Thompson, *Dynamo–electric Machinery*, 3rd ed., London, 1888.

図 4.13　Sturgeon's *Annals of Electricity*, Vol. 1, 1837, Pl. 8.

図 4.14　Donald S. L. Cardwell, *James Joule*, Manchester University Press, 1989.

図 4.15　Silvanus P. Thompson, *Dynamo–electric Machinery*, 1884.

図 4.16　Silvanus P. Thompson, *Dynamo–electric Machinery*, 1884.

図 4.17　*Lumière Electrique*, 1 Oct. 1881.

図 4.18　Silvanus P. Thompson, *Dynamo–electric Machinery*, 1884.

図 5.1　Louis Figuier, *Les merveilles de la science ou Description populaire des inventions modernes*, Vol. 2, Paris, c. 1873.

図 5.3　高橋雄造撮影.

図 5.5　日本郵政公社郵政資料館提供.

図 5.6　Louis Figuier, *Les merveilles de la science ou Description populaire des inventions modernes*, Vol. 2, Paris, c. 1873.

図 5.7　*La Nature*, 19 Dec. 1881.

図 5.8　Louis Figuier, *Les merveilles de l'industrie*, Vol. 2, Paris, c. 1894.

図 5.9　若井登，高橋雄造，『てれこむノ夜明ケ―黎明期の本邦電気通信史』，電気通信振興会，2004 年.

図 5.10　Charles V. Walker, *Electric Telegraph Manipulation*, Knight, London, 1850.

図 5.11　Schenk, *Philip Reis, Der Erfiinder des Telephons*, Alt, Frankfurt am Main, 1878.

図 5.12　日本郵政公社郵政資料館提供.

図 5.13　『風俗画報』臨時増刊，175 号，1898（明治 31）年 10 月 25 日.

図 6.1　Th. Du Moncel, *L'éclairagé électrique*, 1879.

図 6.2　*Punch*, June 25, 1881.

図 6.3　Courtesy : Smithsonian Institutio/Edison National Historic Site.

図 6.4　Courtesy : Smithsonian Institutio/Edison National Historic Site.

図 6.5　Courtesy : Smithsonian Institutio/Edison National Historic Site.

図 6.6　*Scientific American*, Nov. 19, 1881.

図 6.7　Courtesy : Deutsches Museum, München.

図 6.8　Th. Du Moncel, *L'éclairagé électrique*, 1879.

図 6.9　J. A. Fleming, *Alternating Current Transformer*, Vol. 2, 1892.

図 6.10　L. Schüler, "Die Geschichte des Transfoprmators", *Geschichtliche Einzeldarstellungen aus der Elektrotechnik*, Vol. 1, 1925.

図 6.12　千葉県立現代産業科学館提供.

第 6 章コラム図　*La Nature*, 24 Sept. 1881.

図 7.1　Sturgeon's *Annals of Electricity*, Vol. 1, 1837.

図 7.2　*Journal of the Society of Telegraph Engineers*, Vol. 1, 1872–1873.

図 7.3　加藤木貞次氏提供.

図 7.4　*Report of the Joint Committee Appointed by the Lords of the Committee of Privy Council for the Trade and the Atlantic Telegraph Company to Inquire intio the Construction of Submarine Telegraph Cables*, London, 1861.

図 7.5　Fritz Frauenberger, *Vom Kompass bis zum Elektron*, undated.

第 7 章コラム図　Courtesy : Institution of Engineering and Technology Archives.

図 8.1　Frank Lewis Dyer and Thomas Commerford Martin, *Edison : His life and inventions*, 1910.
図 8.2　Fritz Frauenberger, *Vom Kompass bis zum Elektron,* undated.
図 8.3　Courtesy : Deutsches Museum, München/若井登氏.
図 8.5　Smithsonian Institution.
図 8.6　『無線と實驗』,誠文堂新光社,1927（昭和 2）年 6 月号.

図 9.1　白砂守氏提供.
図 9.2　Reprinted with permission of Lucent technologies Inc. /Bell Labs.
図 9.3　Reprinted with permission of Lucent technologies Inc. /Bell Labs.
図 9.4　Reprinted with permission of Lucent technologies Inc. /Bell Labs.
図 9.5　*A Centrury of Electricals,* IEEE, New York, 1984.
図 9.6　インテル株式会社提供.

あとがき

　本書では，電気技術の発明・発見史と社会史を述べた。紙幅の関係で，トピックを限定せざるを得なかった。自動制御，衛星通信の歴史についても書きたかったが，残念ながら割愛した。

　筆者が電気の歴史に関心を持ったのは，大学院に進学する前後であった。本書は，それ以来の数十年間に学んだことの結果である。1975年から77年にかけて西ドイツ（当時）のアレクサンダー・フォン・フンボルト財団給費研究員としてミュンヘン工科大学に留学し，ドイツ博物館に通って見聞を広げた。91年から92年には，米国ワシントンDCのスミソニアン国立アメリカ歴史博物館に留学した。長い期間に内外の多くの方々および機関の御指導・御助言と御援助をいただいた。その全部をここに記すことはできないが，いわば代表として次の各位と機関の名を挙げて，心からお礼申し上げる（敬称略，所属は当時）。

　故 Prof. Hans Prinz（ミュンヘン工科大学），Dr. Friedrich Heilbronner（ドイツ博物館），Dr. Bernard S. Finn（スミソニアン国立アメリカ歴史博物館），大類浩（中央大学），故大越孝敬（東京大学），河野照哉（同），千葉政邦（同），森英夫（三菱電機），石橋一郎（国立科学博物館），春日二郎（アキュフェーズ），佐山和郎（藤岡市助博士顕彰会），吉岡道子（岩垂・喜田村家），若井登（東海大学），曽田純夫（中央無線），鎌谷親善（東洋大学），西尾成子（日本大学），平本厚（東北大学），塚原修一（国立教育政策研究所），岡本拓司（東京大学），前島正裕（国立科学博物館），Alexander von Humboldt–Stiftung, Deutsches Museum, Smithsonian National Museum of American History.

高橋　雄造

索　引

あ，ア

アーク ································· 47, 55, 163
アーク灯 ······························· 115, 116
アームストロング ········ 87, 88, 177, 178, 180,
　192-195
アイコノスコープ ······················ 183, 184
アイテル ································ 188
アイントホーフェン ······················· 50
浅野応輔 ································ 157, 175
亜酸化銅整流器 ·························· 201
アタナソフ ······························· 210
アップル（Apple）社 ···················· 189, 214
アデレード・ギャラリ ···················· 142
アナログ計算機 ·························· 208
アプルトン ······························· 173
アマチュア無線 ··· 172, 178, 180, 188, 189, 192
アラゴの円盤 ························ 52, 64, 73
アラマン ································· 32
アルテネク ······························· 72
アンソニー ······························· 153
アンテナ ························· 170-173, 218
アンペール ·········· 41, 49, 58, 64-66, 87, 155
イギリス電気学会 ······················· 145, 164
イギリス電信学会 ························ 145
イギリス電信学会誌 ······················ 146
一流体説 ······························ 34, 36
イメージデセクタ ······················· 183, 184
印画電信 ································ 110
陰極線 ································· 166
インゲンハウス ·························· 30
インターデータ ·························· 215
インターネット ····················· 215, 217
インテル ······························ 212, 213
インドの電信 ····························· 99
ヴァーリ ······················· 66, 70, 100
ヴァン・エッテン ························· 177

ウィルソン ······························ 201
ヴェイル ······························ 96, 97
ウェーバ ································· 94
ウェスタン・エレクトリック ··· 107, 161, 168
ウェスタン・ユニオン ············· 98, 107, 146
ウェスティングハウス ······ 121, 125, 130, 132,
　133, 158, 161, 178, 181, 185, 190
ウェストン ······························ 48
ヴェルソリウム ·························· 28
ヴェンシュトレーム ······················ 160
ウォーカー ························· 101, 143, 145
ウォークマン ····················· 169, 182
ウォズニアク ····················· 189, 214
うず電流 ············· 66, 82, 84, 86, 129, 130
腕木伝信 ···················· 90, 91, 93, 99
ウルリッチ ······························ 68
エアトン（William Edward Ayrton）
　······························· 110, 149, 150, 164, 183
エアトン（Hertha Ayrton） ············· 163, 164
映画 ································· 168, 169
エイケン ································ 209
衛星中継 ································ 186
英仏海峡横断海底電信ケーブル ··········· 103
エールステズ ···················· 48, 49, 51, 93
エクルス ································ 209
エジソン ··············· 84, 87, 88, 113-114, 117,
　118-125, 139, 140, 167, 168, 187, 188
エジソン・ジェネラル・エレクトリック社
　································· 122, 132, 133, 137
エジソン・スワン社 ··················· 129, 158
エジソン効果 ························ 122, 177
エジソン文庫 ···························· 113
エッカート ························· 210, 215
エネルギー保存の法則 ················· 76, 77
『エレクトリカル・マガジン』 ············ 143
『エレクトリカル・レビュー』 ············ 147
『エレクトリカル・ワールド』 ········ 146, 147
『エレクトリシャン』 ···················· 146

エレクトロニクス	89, 166, 177, 188
オーディオン	177
鳳秀太郎	218
オーム	59–61, 155
オームの法則	51, 58, 60, 61
オーロラ	20
オショーネッシ	99
オシログラフ	50
『オペレータ』	147
音楽産業	169

か, カ

カーソン	193
カールソン	111
界磁	67, 80–85
がいし	89, 101
海底電信ケーブル（海底電信線）	99–105, 153, 174
海底電信線	101, 104
回転式電動機	74–77, 144
回転変流機	134
ガウス	87, 94
カスバートソン	30
ガタパーチャ	101, 102, 105
ガッサンディ	21
カップ	80, 81, 84, 86, 125
家庭電化	131
加藤木重教	148
加入者制度	108
雷	19, 20, 24, 25, 34, 48
カラー・テレビ	112
カラン	70, 127
ガルバーニ	45–47, 60
ガンツ（Ganz）社	82, 129
乾電池	47
カントン	36
キース	146
北村政次郎	218
キットラー	150
キネトスコープ	168
ギブス	127, 128
逆起電力	64, 76, 77, 80, 129
キャベンディッシュ	39
強電	88, 89
ギルバート	27–29, 84
キルビー	205
キルヒホッフ	62
近接信管	197
空電	174, 180, 193
クーリッジ	161
クーロン	39–41, 155
クーロンの法則	39
クック	94
クネウス	32
クラーク（E. M. Clarke）	66, 67, 142
クラーク（Latimer Clark）	48
クライスト	32
グラム	41, 64, 72, 79
クリスティ	143–145, 154
クリミア戦争	99
グループ加入電話	109
クレイ	215
グレー（Elisha Gray）	107, 108
グレー（Stephen Gray）	32, 34
グレゴリー	143
グロブナー・ギャラリ	128
クロンプトン	80
珪素鋼板	82
携帯電話	111, 167, 216
軽電	89
ゲーツ	216
ゲーリケ	29, 30, 41
ケネディ	128
ケネリ	129, 173
ケルビン卿（ウィリアム・トムソン）	49, 81, 84, 125, 132, 154, 156
減衰振動波	175, 176
検電器	36, 60
検波	171, 176, 177
検流計	47, 49, 50, 53, 59, 64
コイル	49, 51, 52
高周波発電機	175, 179
高電圧送電	129, 132, 134, 135

索引

高等電気学校 ………………………………… 152
高等電信学校 ………………………………… 151
交流回路 ……………………………………… 129
交流技術 ……………………………………… 129
交流の周波数 ………………………………… 133
交流理論 ……………………………… 88, 129, 166
コーネル大学 ………………………………… 153
コールラウシュ ……………………………… 150
国際電気会議 ………………… 139, 140, 155, 164
国際電気通信連合（ITU）………………… 195
国際無線電信会議 …………………………… 174
極超短波 ……………………………… 173, 194, 201
国立エジソン記念館 ………………………… 113
国立標準局 …………………………………… 156
国立物理研究所 ……………………………… 156
古典電磁気学 ………………………………… 155
後藤英一 ……………………………………… 211
こはく ……………………………………… 20, 27
コヒーラ ……………………………………… 171
コプリー・メダル ………………………… 55, 61
ゴラール …………………………………… 127, 128
コルマール …………………………………… 207
コロンブス ………………………………… 21, 23
コンパクト・ディスク ……………………… 160
コンピュータ・ゲーム（ビデオ・ゲーム）
 …………………………………………… 213-215
コンラッド ……………………………… 178, 186

さ, サ

サーノフ ……………………… 181, 185, 188, 193-195
再生 ……………………………………… 176-178, 192
サイフィン・レコーダ ……………………… 155
ザイログ ……………………………………… 213
サクストン …………………………………… 67
撮像管 …………………………………… 88, 183
サバール ……………………………………… 49
酸化亜鉛避雷器 ……………………………… 219
三極真空管 ………………………………… 177, 192
三線式配電 …………………………………… 124
三相交流 ……………………… 79, 132, 133, 134, 159
残留磁気 ……………………………………… 70

シーメンス ……… 41, 42, 70-73, 79, 82, 87, 99,
 101, 125, 136, 156-160
ジェネラル・エレクトリック（GE）… 42, 88,
 122, 123, 132, 133, 137, 140, 158, 161, 181,
 190, 194, 206, 215
ジェンキン …………………………………… 183
市街電車 ………………………………… 136, 138
磁気回路 …………………………………… 80, 81
磁気コア・メモリ …………………………… 210
自己誘導 …………………………… 54, 57, 127
指字（ABC）電信機 …………………… 95, 97
磁石 ………………………… 22, 23, 27, 28, 48, 65
磁石発電機 ………………………………… 67-69
磁針 ……………………………… 22, 23, 27, 48, 53
志田林三郎 …………………………………… 149
自動車無線電話 ……………………………… 111
自動照準 ……………………………………… 208
自動電話交換 ………………………………… 109
芝浦製作所 …………………………………… 161
シビレエイ ………………………………… 20, 34
渋沢元治 ……………………………………… 156
嶋正利 ………………………………………… 213
『ジャーナル・オブ・テレグラフ』………… 147
弱電 …………………………………………… 89
シャップ ………………………………… 90, 91, 99
シャノン ……………………………………… 210
ジャミング …………………………………… 186
シャレンバージャ …………………………… 130
シュヴァイガー ………………………… 49, 59
ジュヴァイガー増倍器 ………… 49, 50, 59, 93
重電 …………………………………………… 89
周波数 ………………………………… 172-174, 189
周波数変調（FM）………………………… 192-195
ジュール ……………………… 77-79, 81, 143, 144
シュテーラ …………………………………… 67
ショイツ ……………………………………… 207
情報ネットワーク …………………………… 216
女性の電気技術者 ………………………… 163, 164
ジョーダン …………………………………… 209
ショックレー ……………………… 200, 201, 206
ジョブズ ……………………………………… 214
ジョルジ ……………………………………… 156

シリコン・ダイオード ……………………… 201
シリコン・トランジスタ …………………… 204
シリコン・バレー ………… 188, 189, 207, 214
シリコン制御整流器 ………………… 136, 135
磁力線 ………………………………………… 56
シリンク ……………………………………… 93
自励発電機 ………………… 69, 78, 79, 115
白い石炭 ……………………………………… 134
沈活 …………………………………………… 22
真空管 ………………………………… 175–177
真空管増幅器 ………………………… 168, 169
心電計 ………………………………………… 50
シントニー …………………………… 171, 172
水銀整流器 …………………………… 135, 136
スーパー・コンピュータ …………… 215, 216
スーパーヘテロダイン受信 ………………… 192
スコット ……………………………………… 134
スタージャン ……… 50, 66, 74, 81, 82, 141–145
スタージャンの『電気・磁気年報』… 75, 77, 141–145
スタインメッツ …………… 87, 88, 123, 129, 161
スタンレー …………………………………… 129
ステレオ ……………………………… 193, 195
ストーニ ……………………………………… 166
ストッパー電球 ……………………………… 131
ストロージャ ………………………………… 109
スプレーグ …………………………… 136, 137
スミス・チャート …………………………… 218
スミソニアン・インスティテューション
 ……………………………………………… 113
スミソニアン国立アメリカ歴史博物館
 ………………………………… 41, 65, 96
スラウ殺人事件 ……………………………… 97
スラビー ……………………………………… 150
スワン ………………………………… 115, 117
正帰還 ………………………………… 176, 177
静電気 ………… 29, 30, 39–41, 45, 56, 61, 64
静電誘導 ……………………………………… 36
整流子 ………………… 74, 80, 83, 84, 131, 133
ゼニス ………………………………………… 194
ゼーベック …………………………………… 60
ゼーマン（Zeeman）効果 ………………… 56

積算電力計 …………………………………… 130
積層鉄心 …………………………… 80, 82, 84, 129
接合型トランジスタ ………………… 203, 204
セポイの乱 …………………………………… 100
セルフ・フォン ……………………………… 112
戦争と電信 …………………………… 197, 198
全電子式テレビジョン ……………… 183, 184
セントエルモ光 ………………………… 20, 21
セントラル・インスティテューション … 150
ゼンメリンク ………………………… 93, 101
総括制御 ……………………………………… 137
総合電機メーカー ………… 123, 161, 162, 215
走査線 ………………………………… 183–185
送電電圧 ……………………………… 134, 135
送配電網 ………………………… 71, 89, 115
増幅 …………………………………… 176, 177
ソフトウェア ………………………………… 212

た, タ

ターマン ……………………………… 188, 189
大規模集積回路 ……………………… 205, 212
大西洋横断海底電信（ケーブル）…… 49, 104, 154, 155, 187
大西洋横断無線電信 ………………………… 174
タイトー ……………………………………… 215
ダイナミック・ランダム・アクセス・メモリ
（DRAM）……………………………… 213
ダイナモ ……………………………… 72, 73, 85
第二次世界大戦 ……… 101, 165, 166, 179, 185, 186, 193, 197, 198, 201, 204, 209, 212
大北電信社 …………………………… 104, 105
対話型処理 …………………………… 214, 216
高柳健次郎 …………………………………… 185
ダッデル ……………………………………… 49
田中久重 ……………………………………… 43
ダビッドソン ………………………… 77, 136
ダベンポート ……………………… 75, 77, 142
ダマー ………………………………………… 205
ダリバール ……………………………… 34, 35
ダル・ネグロ ………………………………… 74
垂井康夫 ……………………………………… 204

ダルムシュタット工科学校	150
タレス	20
単位	139, 140, 153–156
ダンウディ	201
タングステン・フィラメント電球	124, 161
単針式電信機	95
単相交流	132, 134
炭素フィラメント電球	115, 117, 120, 140
短波	173
短波ビーム無線	106
地下鉄	137
蓄音機	122, 123, 167, 168
蓄電池	47, 48
千葉県立現代産業科学館	42, 65, 136, 137
中央電気研究所（フランス）	152
中央発電所	116, 117
超LSI	205
長距離送電	79, 115, 124–126, 134, 140, 159
超再生受信方式	192
超短波	172, 173, 193, 194
長波	172
直流送電	135
直流と交流の論争（Battle of Systems）	48, 80, 121, 131
ツィペルノフスキ	129
ツウォリキン	184
ツーゼ	208
ツェッチェ	148
ていぱーく（通信総合博物館）	42, 110
テイラー博物館	36
データ・ジェネラル	215
デービー	46, 54, 55
テープレコーダ	197, 198
テキサス・インスツルメンツ	200, 214, 215
デジタル演算	208
デジタル計算機	208, 209
テスラ	87, 88, 131, 171, 172
デットフォード計画	129
デフォレスト	169, 175, 177–179, 193–195
テブナンの定理	151, 218
デプレ	125, 140
デュ・モンセル	140
デュフェ	33, 34, 41
デュボスク	66, 116
デリ	129
テレグラフ	91
『テレグラファー』	147
テレックス（テレタイプ）	111
テレビ放送	185
テレフンケン（Telefunken）	160, 174
電圧	58, 60, 153
電気医療	38, 39, 46
電気ウナギ	143
電気回路	58–62
電気化学	46, 55, 93, 115, 133, 150
電気学会（日本）	146, 157
電気機械学	80, 81, 84, 86
電気技術の制度	141
電気技術の特質・特徴	71, 156, 221
電気工学	7, 81, 84, 88, 130, 139, 149–153, 164, 167, 189, 221
電機子	67, 71–73, 80, 82–84
電気試験所	156, 175, 205
電機子反作用	82, 83, 84
電気測定法	156
電気単本位ロンドン会議	157
電気通信大学歴史資料館	42
電気抵抗	58, 60, 153
電気鉄道	115, 134, 136–138
電気二流体説	34, 36
『電気之友』	148
電気の博物館	41
電気分解	46, 55, 166
電気流体	34
電気力線	56
電気録音	168
電子	166
電磁エンジン	74
電磁石	50, 51, 57, 144
電磁波	41, 56, 170, 174
電子複写（電子写真）	111
電車	41, 136, 137
電磁誘導	52, 53, 57, 65, 73, 126
電信オペレータ	98, 119, 148, 187, 188

電信学会（イギリス）… 89, 145, 146, 150, 159
電信ケーブル ………………………………… 101, 102
電信工学 ……………… 7, 81, 89, 139, 146, 147, 159
電信修技学校 ………………………………………… 148
点接触型トランジスタ ……………… 201, 203, 204
電線 ………………………………………………… 51, 219
電卓 …………………………………………………… 213
電池 ……… 45-48, 51, 58, 61, 63, 66, 69, 70, 77,
 89, 93, 115, 127, 131, 163, 181
電灯の分割 …………………………………………… 116
電動力 ………………………………………… 115, 131
電熱 …………………………………………… 131, 133
電波 ……………… 112, 170-175, 179, 180, 190
電離層 ………………………………………………… 173
電流 ……………………………………………… 58, 60, 153
電流の磁気作用 ………………………………… 48, 49
電話交換 ……………………………………… 108, 109
電話交換手 …………………………………… 108, 109
ド・ラ・リヴ ……………………………………… 81, 142
ドイツ電気学会 ……………………………………… 145
ドイツ博物館 ………………………………… 41, 65, 126
同期並列運転（交流発電機）………………………… 82
東京通信工業（ソニー）……… 160, 182, 199,
 200, 219
東京電気 ……………………………………… 157, 161
東芝 …………………………………………… 157, 161
同調 …………………………………………… 171, 172
動電気 ………… 7, 29, 39, 41, 45, 51, 60, 93, 221
トーキー ……………………………………………… 169
ドーフェ …………………………………………… 81, 82
トムソン（Elihu Thomson）………………… 161
トムソン（Joseph John Thomson）………… 166
トムソン社（フランス）…………………………… 158
トムソン・ハウストン社 ……… 121, 137, 157,
 158, 160, 161
トランジスタ・ラジオ …………… 182, 199, 219
トランシーバ ………………………………… 111, 112, 197
トランジスタの発明 ………………………………… 203
ドリヴォ・ドブロヴォルスキ …………… 131, 134
鳥潟右一 ……………………………………………… 218
トリノ博覧会 ………………………………………… 128
トンプソン ………………… 80, 83, 84, 106, 150

な，ナ

ナイキスト ………………………………………… 210
ナイヤガラ ………………………………… 132, 133
難波正 ………………………………………………… 153
南北戦争 …………………………………………… 97, 100
二極真空管 ………………………… 122, 150, 177
二次発電機 ………………………………… 127, 128
二相交流 …………………………………… 131, 134
ニプコー円板 ……………………………………… 183
日本電気 …………………………………………… 110
日本放送協会 ……………………………………… 182
丹羽保次郎 ………………………………………… 110
任天堂 ………………………………………… 215, 216
ネッカム ……………………………………………… 22
ノイズ ………………………………………… 205, 213
農事電化 …………………………………………… 131
能動素子 …………………………………………… 176
ノーマン ……………………………………………… 23
ノレ（Abbé Jean Antoine Nollet）
 ……………………………………… 32, 36, 38, 41
ノレ（Florise Nollet）…………………………… 68

は，ハ

パーソナル・コンピュータ（パソコン）
 ……………………………………… 214, 216, 217
バーディーン ……………………………………… 201
ハートレー ………………………………………… 210
パール・ストリート発電所 ……… 113, 117, 120
バーロー ……………………………………… 73, 143, 144
配電事業 …………………………………… 79, 124, 130
ハイファイ ………………………………… 193, 198
白熱電灯照明 ……… 79, 81, 115, 117, 124
橋本宗吉 ……………………………………………… 38
パスカル …………………………………………… 207
パチノッティ ……………………………………… 71, 72, 79
波長 ……………………………………… 171-173, 178, 185
ハッカー …………………………………………… 214
バックホフナー ……………………………………… 82
発振 ……………………………………… 176-178, 192, 200

索引

248

発電機と電動機の可逆性	53, 73, 77-79
ハドフィールド	83
ハネウェル	215
バベッジ	41, 207
パラメトロン	211
パリ・アカデミー	49, 65, 75
パリ工芸院博物館	41
パリ国際電気博覧会	7, 36, 37, 79, 117, 125, 139, 146, 155, 159
パルス回路技術	185
ハルスケ	158
ハルトマン	23
バローズ	207, 215
万国電信会議	101
万国電信条約	101
半導体	189, 200, 201, 209
半導体化	204
半導体集積回路（IC）	204-206, 211
ビーム・アンテナ	173, 175
ビオ	49
ピカール	31
光通信	89, 174
ピキシ	41, 49, 65, 66
ビクトリア・ギャラリー	144
ヒジコン	213
ヒットルフ	166
ビデオ・ゲーム	189, 214
火花式送信機	171, 175
ヒューズ	108
ピューピン	192
ヒューレット・パッカード	215
標準	140, 153, 155, 156
標準電池	48
避雷針	34, 35
ファーマー	70
ファーンズワース	87, 88, 184
ファクシミリ	110
ファジン	213
ファラデー	41, 52-57, 65, 73, 74, 81, 87, 126, 143, 145, 155, 166, 201
ファラデー効果	56
フィリップス	160, 182
フィールド	104
『フィロゾフィカル・トランザクションズ』	34, 46, 81
フィンズブリ・カレッジ	150
フィンズブリ・テクニカル・カレッジ	149, 164
フーコー	66, 82, 130
ブール代数	208
フェアチャイルド	205, 206, 213
フェッセンデン	179
フェラリス	131
フェランティ	64, 125, 128, 158
フォード博物館とグリーンフィールド・ビレッジ	114
フォレスター	210
フォン・ノイマン	210
フォンテーヌ	64, 79
符号化	94
藤岡市助	43, 156
伏角	23
プッシュ	208
ブッシュネル	189, 214
物理工学国立研究所（ドイツ）	156
ブライト兄弟	104
ブラウン（C. E. L. Brown）	80, 85, 134, 161
ブラウン（Karl Ferdinand Braun）	174
ブラウン・ボベリ	134, 160
ブラウン管	166, 174, 183
ブラッシュ	116
ブラッテン	201, 202
ブラティ	129
フランクフルト（アム・マイン）国際電気博覧会	41, 79, 132, 134, 159
フランクリン	21, 34, 36, 38, 88
フランス電気学会	146, 152, 190
プランテ	47
ブランリ	171
ブリッジ	143, 154
フリップ・フロップ回路	209
ブリティシュ・トムソン・ハウストン社	157
ブリティシュ・アソシエーション	154

プリント配線板	204
プレーナ技術	205
ブレゲ	41, 66
ブレゲ指字電信機	95
ブレット	103, 104
フレミング	78, 84, 122, 129, 150, 177
プログラム内蔵方式	210
ブロック発電所方式	116
フロマン	41, 66, 72
ベアード	183
米国電気学会（AIEE）	146, 164, 195
米国電気電子学会（IEEE）	146, 164
米国ラジオ学会（IRE）	146, 192, 195
ベイン	110
ページ	77, 127, 136, 142
ヘビサイド	154
ペリー	150, 183
ベル	106, 107
ヘルツ	41, 170, 171
ベル電話研究所	107, 201, 202
ヘルムホルツ	156
ベルリーナ	167
ベルリン電気学会	145, 159
ペレグリヌス	23, 84
変圧器	53, 57, 126-130
偏角	22
ペンダー	104, 105
ヘンリー	51, 53, 57, 58, 61, 74, 127
ホイートストン	61, 70, 94, 143, 154
方向性アンテナ	106, 173, 218
放送	168, 169, 179
放電	21, 30, 31, 33, 36, 56, 170
謀略宣伝放送	186
ボーダフォン	158
ポータブル・ラジオ	181
ホームズ	68
ポッゲンドルフ	60
ホフ	213
ホプキンソン	80, 81, 84, 124, 125
ポポフ	171
ボルタ	45, 46, 47, 87, 155
ホルボーン・ヴァイアダクト	117, 140
ホレリス	161, 207

ま，マ

マーシュ	143, 144
マールム	36, 37, 139
マイクロコンピュータ（マイコン）	212, 213, 216
マイクロソフト社	216
マイクロプロセッサ	212, 216, 217
マイクロホン	79, 108, 122, 123, 168
マイスナー	177
マクスウェル	56, 81, 87, 154, 155, 170
マクロー	189
マサチューセッツ工科大学（MIT）	153, 201, 208, 211
摩擦起電機	30, 36
マッキントッシュ	214
松下電器	160, 219
マルコーニ	87, 157, 158, 160, 161, 171-175, 180, 188
マルコーニ社	161
ミサイル	205
水橋東作	218
三菱電機	161
ミニコンピュータ	212, 215
ミュンヘン国際電気博覧会	79, 84, 125, 126, 140, 159
ミラー	41, 125, 134, 140
ミラー・ガルバノメータ	49, 155
民生用エレクトロニクス	182, 198
無線	169, 170, 172
無線愛好会（フランス）	190
無線通信の国際会議	175
『無線と實驗』	183, 184
無装荷ケーブル	218
ムッシェンブレーク	32
明電舎	219
メインフレーム・コンピュータ	216
メンローパーク研究所	114, 120, 122, 123
モークリ	210, 215
モーディ	80, 86, 125

モールス	58, 94, 96, 97, 99
モールス符号	96
モトローラ	111
モンテフィオレ電気学校	152

や，ヤ

ヤーブロチコフ	116
八木・宇田アンテナ	88, 173, 218
ヤコビ	75, 77, 83, 136, 142
有眼信管	197
誘導コイル	82, 126, 127
誘導電動機	131, 134
横山英太郎	218

ら，ラ

ライス	84, 106
ライデンびん	32, 33, 36, 37, 170
ライプニッツ	207
ラジエーション・ラボラトリ	201
ラジオ	169, 170, 179
ラジオ工作（ラジオ自作）	80, 189–191
ラジオ雑誌	183, 188
ラジオのパーソニフィケーション	181
羅針盤	23
『ラヂオの日本』	183
ラテナウ	125, 159
ラムスデン	30
ラングミュア	161
リアルタイム処理	214, 216
リージェンシー	200
リッチー	67, 70, 81
リュームコルフ	66, 127
リュミエール兄弟	168
ルクランシェ	47
ルサージ	93
冷戦	200, 204, 210
レーダ	197, 201
レコード	167, 169
レジャー・パーク	138
連続波	175

レンツ	52, 53, 77, 83
ロイヤル・インスティテューション	41, 46, 47, 53, 54, 56, 87
ロイヤル・ソサエティ（ロンドン）	32, 34, 46, 55, 61, 67, 144, 145, 164
ロイヤル・ポリテクニック・インスティテューション	143
ロージンク	185
ローランド	81
ローレンツ力	78
ロッジ	171, 172
ロナルズ	92, 101
ロンドン・シティ同業組合学校	149
ロンドン科学博物館	41
ロンドン電気協会	82, 103, 141, 142, 143, 145

わ，ワ

ワードプロセッサ	111
ワイヤレス	170
ワイルド	70, 82
ワトキンス	66, 70, 158
ワトソン	32, 33, 34

欧字・数字

5針式電信機	94
ABB	160
AEG	125, 134, 159
AM	193, 194
ARPA	215
ASEA	160
AT & T	96, 107, 161, 181, 193
C. M.	92
CDC	215
DEC	212
EIA（米国電子工業会）	199
Electronics（『エレクトロニクス』）	166, 203
Elektrotechnische Zeitschrift	80, 150
ENIAC	209, 210, 211

FCC	194
FM	180, 192-194
FM ステレオ	193, 195
GE	158, 161, 162, 190, 206, 215
GEC	157, 158
IBM	207, 210, 211, 214, 215
IC	204, 206
IEC	156
KDKA	178, 179, 186
NBC	194
NCR	215
NHK 技術研究所	219
NHK 放送博物館	42
RCA	158, 161, 162, 178, 180, 181, 185, 188, 193-195, 206, 215
SAGE	210
SWL	180
TYK 式無線電話	218
UNIVAC	211, 215

索引

【著者紹介】

高橋雄造（たかはし　ゆうぞう）

　東京に生まれる。東京大学工学部電子工学科卒業。東京大学大学院博士課程修了，工学博士。中央大学勤務を経て，2008年3月まで東京農工大学教授。日本科学技術史学会会長。
　1975-77年に西ドイツ（当時）アレクサンダー・フォン・フンボルト財団給費研究員としてミュンヘン工科大学に留学。91-92年に米国ワシントンDCのスミソニアン国立アメリカ歴史博物館に留学。96年，博物館学芸員資格取得。
　専門は高電圧工学，技術史，博物館学。

著　書

『ミュンヘン科学博物館』（編著，講談社，1978年）
『てれこむノ夜明ケ―黎明期の本邦電気通信史』（共編著，電気通信調査会，1994年）
『ノーベル賞の百年―創造性の素顔』（共同監修，ユニバーサル・アカデミー・プレス，2002年）
『岩垂家・喜田村家文書』（監修，創栄出版，2004年）
『博物館の歴史』（単著，法政大学出版局，2008年）
『お母さんは忙しくなるばかり―家事労働とテクノロジーの社会史』（訳，法政大学出版局，2010年）
『ラジオの歴史―工作の〈文化〉と電子工業のあゆみ』（単著，法政大学出版局，2011年）
がある。

電気の歴史　人と技術のものがたり

2011年 7 月10日　第1版1刷発行　　　ISBN 978-4-501-11560-9 C3055
2012年12月10日　第1版3刷発行

著　者　高橋雄造
　　　　© Takahashi Yuzo 2011

発行所　学校法人　東京電機大学　〒101-8457　東京都千代田区神田錦町2-2
　　　　東京電機大学出版局　　　Tel. 03-5280-3433（営業）03-5280-3422（編集）
　　　　　　　　　　　　　　　　Fax. 03-5280-3563　振替口座 00160-5-71715
　　　　　　　　　　　　　　　　http://www.tdupress.jp/

JCOPY ＜(社)出版者著作権管理機構　委託出版物＞
本書の全部または一部を無断で複写複製（コピーおよび電子化を含む）することは、著作権法上での例外を除いて禁じられています。本書からの複写を希望される場合は、そのつど事前に、(社)出版者著作権管理機構の許諾を得てください。
また、本書を代行業者等の第三者に依頼してスキャンやデジタル化をすることはたとえ個人や家庭内での利用であっても、いっさい認められておりません。
［連絡先］Tel. 03-3513-6969、Fax. 03-3513-6979、E-mail：info@jcopy.or.jp

印刷：美研プリンティング(株)　　製本：渡辺製本(株)　　装丁：鎌田正志
落丁・乱丁本はお取り替えいたします。　　　　　　　　　Printed in Japan
本書は、(株)工業調査会から刊行されていた第1版1刷をもとに、著者との新たな出版契約により東京電機大学から刊行されたものである。